재미있는 정보통신

사단법인 한국전자통신학회 편

도서출판 GS인터비전

이 책을 발행하면서...

본 학회는 2006년 6월 전국 최초로 지방의 소도시인 여수 지역에서 본인을 비롯한 조선대 이준교수, 전남대 김천석, 배영철, 김광준 교수, 순천대 허영남, 김응곤, 김원중 교수, 청암대 김동현, 김성홍 교수, 목포해양대 김갑기 교수, 국민대 이국철 교수, 한세대 홍완표 교수, 부경대 조성진 교수, 진남 트레이드 주기병 대표, 두경수산대표이사 곽두성 박사 , ㈜이프라임 유재덕 박사, GS칼텍스 윤형득 박사, 광주검찰청 양동형 계장 등 몇 사람이 주축이 되어 본 학회를 창립하고 노력한 결과 발전하여 오늘날 700여명의 회원과 1년에 6권의 논문지 발행, 두 번의 학술대회를 개최하는 대형 학회로 급성장하였습니다. (한국전자통신학회 현황 참조)

2009년 12월에는 한국연구재단의 등재 후보지로 선정되었으며 2012년 3월 한국과학기술총연합회 회원 학회로 등록되어 명실상부한 학회로 자리 잡아 많은 교수님들의 연구 활동과 친목도모에 큰 역할을 하고 있다고 자부합니다.

그리고 본 학회는 지역사회를 위해서 몇 가지 사업을 펼칠까 합니다.

한국에서 가장 아름다운 미항이며 통신의 유물과 발자취가 많은 여수지역에 다음과 같은 사업을 추진하고자 합니다.

- 관련기관 및 업체와 한국전자통신학회에서 공동으로 여수시 통신역사박물관 (과학관)건립

- 작은 과학도서관 설립을 2-3개 정도 건립
- 재미있는 과학도서 발간

본 학회에서는 이러한 사업들을 계속 추진하여 지역사회에 공헌하고자 합니다. 그리하여 IT, 유비쿼터스, 해상통신 등 과학의 도시로 발전시키고자 합니다.

본 학회에서는 여수시 통신역사박물관을 설립 계획에 관한 소책자에 이어서 두 번째로 재미있는 전자통신의 소책자를 발행하여 여수지방과 여러분에게 배포하여 전자통신의 기초에 대해서 공부할 수 있도록 하고자 합니다.

그러므로 앞으로도 여러분의 많은 성원과 지지를 부탁드리며 좋은 소책자를 계속 발행할 수 있도록 도와주시면 감사하겠습니다.

2012년 5월
사단법인 한국전자통신학회
회장 신현식

contents

◈ 정보통신의 전문가를 꿈꾸면서...◈

오늘날 우리는 '지식정보화 사회'라고 일컬어지는 21세기 미래사회에 진입하고 있다. 과거에는 땅이나 금광, 석유, 공장등이 부의 척도였지만 지금은 눈에 보이지 않는 지식이 부의 척도로 지칭되기에 이르고 있다. 대표적인 예로 빌 게이츠가 있지만, 정말 그에게는 땅이나 금광, 석유나 이렇다 할 공장 등이 없다. 그럼에도 불구하고 소프트웨어라고 하는 두뇌 지식만으로 세계 최고의 갑부가 되었으며, 이는 수 천 년의 인류 역사상 처음 있는 일임에 모두가 놀라고 있는 것이다.

우리는 과거와는 달리, 눈에 보이지 않는 지식이나 무형의 자산을 찾고 이용하기에 이르렀다. IT분야에서의 이러한 사례는 더 극명하게 드러난다. 대표적 무형의 자산으로 바로 눈에 보이지 않는 '전파'를 들 수 있겠다.

꿈의 통신시대를 열고자 최근 시행한 IMT-2000 사업자 선정시 전파 즉, 주파수 할당으로 정부가 1조 3000억 원을 2개 통신사업자로부터 일시 출연금으로 받았다.

눈에 보이지 않는 전파를 할당해 주는 대가로 통신 사업자가 막대한 비용을 정부에 출연한 것이다. IMT-2000 사업과 관련해서는 독일에서도 수십조 원에 이르는 출연금이 책정된 바 있다. 눈에 보이지도 않고, 손에 잡히는 것 없는 '전파'야 말로 공기와 더불어 대표적인 무형의 자산인 것이다.

옛날로 되돌아간다면, 강물을 팔았던 봉이 김선달마저 놀랄 사건이 되었을 것이다. 그러나 지금은 모두가 너무나 당연한 것으로 생각하고 있다. 이는 우리의 인식이 시대변천과 더불어 바뀌어 가고 있으며, 과거 물질중심의 유형적 가치관에서 점차 무형의 가치를 좇아 인류문명이 진전돼가고 있는지도 모른다.

2012년도를 맞이하여 최근 인터넷 사용자수가 4천만 명을 돌파하고 휴대폰 소지자가 4천5백만 명을 돌파 할 정도로 이동통신의 발전은 전파수요가 급증함에 따라 범세계적으로 전파자원 분배의 투명성 및 공정성의 확보가 요구되고 있는 등 급변하는 전파환경

변화의 추세에 능동적으로 대응하고 전파자원의 효율적 이용을 도모하기 위하여, 전파자원의 확보, 배분, 이용 및 진흥 중심으로 정보통신은 크게 변화하고 사회발전을 주도해 오고 있다.

그리고 인터넷 시대가 본격적으로 시작된 지난 10년간 통신기술은 하루가 다르게 급속히 발전해왔다. 지난 1980년대 말까지만 해도 많이 사용되던 여러 가지 통신 서비스들이 자취를 감추고 새로운 서비스들이 등장했다. 이 교과서를 저술하는 동안에도 타블렛 PC, 스마트폰 열풍 같은 새로운 개념의 통신 서비스들이 나오고 없어져서 새로운 통신방식이 발전 하고 있다. 이 책에서는 통신방식, 유선통신, 광통신, 이동통신, 위성통신, 무선측위통신 등을 중심으로 개요와 원리에 대하여 공부하기로 한다.

1
통신 방식의 기초

목표

- ○ 통신의 발달 과정과 통신의 기본원리
- ○ 통신의 방식과 전송망의 종류와 원리

1.1 통신의 발달 과정

1.1.1 유선전신

◎ 1830년 독일인 실링(Schiling)이 전자기를 이용한 전신을 황제앞에 공개시험

◎ 1837년 영국인 쿡(Cooke)와 휘스톤(Wheaston)이 공동으로 전신기 발명

◎ 1837년 미국인 모르스(Morse)씨가 모스부호를 고안하여 뉴욕(Newyork)대학에서 공개

◎ 1845년 워싱톤(Washington)과 볼티모어(Baltimore)간 개통

◎ 1851년 도버(Cover)해협에 해저서 부설

◎ 1866년 영국과 미국간 4000 Km 대서양횡단 성공

◎ 1876년 미국인 벨(Bell)이 전화기 발명

1.1.2 무선전신

◎ 1821년 페러데이(Faraday)가 전동의 모터 원리를 발견

◎ 1864년 맥스웰(Maxwell)이 페러데이(Faraday)의 전기현상을 이용하여 이론을 정립

그림 1-1 페레데이와 헤르쯔

◎ 1888년 독일인 헤르쯔(Hertz)가 맥스웰(Maxwell)이 전자파를 예언한지 24년 후 전자파를 실험으로 증명. 헤르쯔(Hertz)의 이름을 빛내기 위하여 주파수단위로 사용함

◎ 1897년 마르코니(Marconi)는 이태리 출생으로써 무선전신을 실용화 하는데 성공

◎ 1900년 미국과 유럽사이에 무선전신의 성공

◎ 1901년 대서양 횡단 무선전신 성공

◎ 1909년 마르코니(Marconi) 노벨물리학상 수상

◎ 1920년 라디오방송 성공

◎ 1928년 흑백텔레비전방송 개시

◎ 1945년 최초의 컴퓨터 애니악 발명

◎ 1953년 컬러텔레비전 방송 개시

◎ 1962년 통신위성 텔스타(Telstar) 1호가 유럽-미국 텔레비전 신호 중계

◎ 1965년 최초의 상업적인 통신 얼리버드(Early Bird)로 서비스 시작

◎ 1970년 벨 시스템에서 광섬유 통신 개발

◎ 1976년 퍼스널 컴퓨터 개발

◎ 2000년 이동통신의 발달로 휴대폰, 스마트폰, PDP등

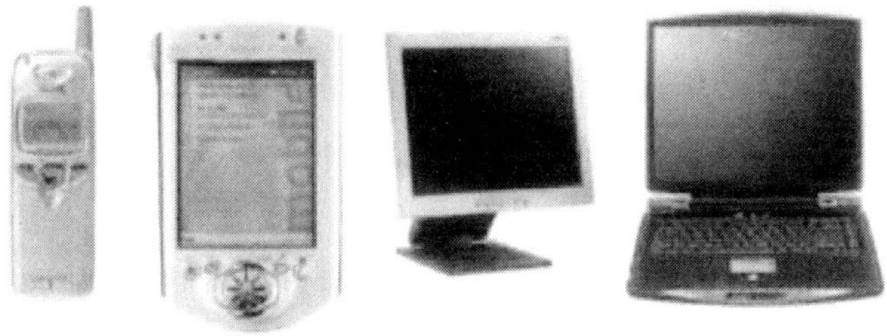

그림 1-2 오늘날 각종 통신기기

그림 1-3 벨이 발명한 최초 전화기

◎ 1885년 처음으로 서울과 인천 사이에 설치되어 이용

◎ 1902년 서울과 인천 간에 일반인을 위한 전화 업무가 시작

◎ 1908년 공전식 자동 교환기가 설치, 운용

◎ 1935년 스트로저식 자동 교환기가 설치, 운용

◎ 1979년 반전자식 자동 교환기가 도입, 운용

◎ 1984년 는 순수 국내 기술로 국산 전전자식 자동 교환기 TDX-1 개발을 성공

◎ 1986년 역사적인 국산 전전자 교환기 TDX-1이 개통

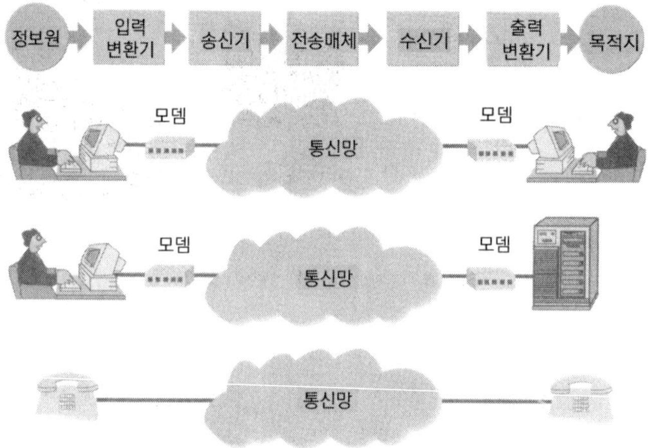

그림 1-4 통신 시스템 구성의 예

현재는 각종 첨단 교환 기능을 갖춘 TDX-100까지 개발되어 세계적인 통신 선진국으로 발돋움하였다.

20세기 정보 통신 시대를 연 또 하나의 획기적인 발명 가운데 하나는 19세기 말에 마르코니(Marconi, Guglielmo)가 발명한 무선 전신이었다. 그림 1-4는 통신 시스템의 구성의 예이다.

◎ 1910년 월미도 등대에 무선국을 설치하여 광제호와 처음으로 교신, 운용
◎ 1923년 서울경성 우체국 용산 분실에서 최초의 공중 통신 업무 취급
◎ 1924년 제주 및 목포에 무선전신국 설치
◎ 1929년 무선전신법이 전면적인 개정
◎ 1958년 자동차용 이동 통신 시설이 도입되어 운용
◎ 1961년 최초의 일반 대중용 이동 전화 서비스 시작
◎ 1988년 올림픽을 거치면서 급속한 발전을 거듭함

◎ 1996년 우리나라의 기술진에 의해 세계 최초로 CDMA 방식의 디지털 셀룰러 이동 전화를 상용화함으로써 국제 표준으로 정착시키게 하는 원동력이 되었다.

1.1.3 전기통신의 아버지 모스

전기를 이용한 통신에는 전신과 전화의 2가지가 있다. 전신에는 '돈' '쓰' 로서 유명한 모스(Morse)부호를 이용한 통신이 있다. '돈'은 짧은 순간적인 전기의 흐름이고 '쓰'는 긴 전기의 흐름을 표시한다. 종이에 쓰면 '돈'은 「·」 '쓰'는「-」로 표시된다.

그림 1-5에 표시한 것과 가텅 이 장단 2개의 신호를 여러 개 조합함에 의해 영, 숫자 및 문자들로 구성된 문장을 송신할 수 있다. 예를 들면 S는 「···」, O는 「---」이므로 구조신호의 SOS는 「···---···」가 된다. 여담으로서 수년 전 외국가수의 노래에 SOS 라고 하는 것이 있었고 그 곡의 서두에 이「···---···」라고 하는 SOS신호가 곡에 포함되어 있었다.

	부호		부호		부호		부호		부호
ㄱ	●−●●	ㅏ	●	C	−●−●	Q	−−●−	5	●●●●●
ㄴ	●●−●	ㅑ	●●	D	−●●	R	●−●	6	−●●●●
ㄷ	−●●●	ㅓ	−	E	●	S	●●●	7	−−●●●
ㄹ	●●●−	ㅕ	●●●	F	●●−●	T	●	8	−−−●●
ㅁ	− −	ㅗ	●−	G	−−●	U	●●−	9	−−−−●
ㅂ	●−−	ㅛ	−●	H	●●●●	V	●●●−	10	−−−−−
ㅅ	−−●	ㅜ	●●●●	I	●●	W	●−−	·	●−●−●−
ㅇ	−●−	ㅠ	●−●	J	●−−−	X	−●●−	(	−●−−●
ㅈ	●−−●	ㅡ	−●●	K	−●−	Y	−●−−	)	−●−−●−
ㅊ	−●−●	ㅣ	●●−	L	●−●●	Z	−−●●	/	−●●−●
ㅋ	−●●−	ㅔ	−●−−	M	− −	1	●−−−−	-	−●●●●−
ㅌ	−−●●	ㅐ	−−●−	N	−●	2	●●−−−	?	●●−−●●
ㅍ	−−−	A	●−	O	−−−	3	●●●−−	,	−−●●−−
ㅎ	●−−−	B	−●●●	P	●−−●	4	●●●●−	=	−●●●−

그림 1-5 모스 부호

재미있는 정보통신

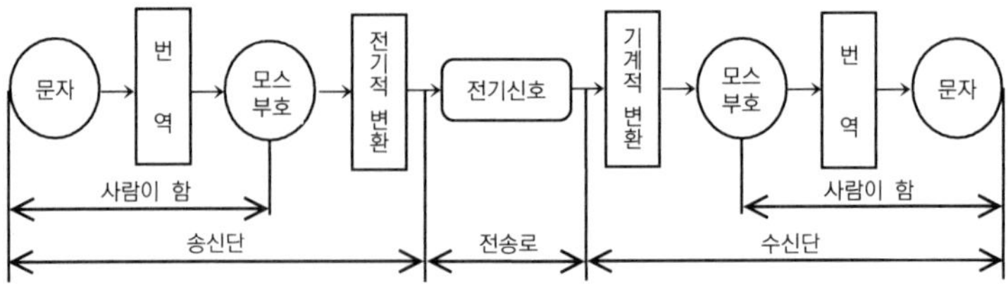

그림 1-6 전신의 전송로

그래서 이 곡을 라디오에서 방송하면 실제의 SOS와 구별하기 어려워 이 부분을 삭제해서 방송하였다는 에피소드가 있다.

전신이라고 하는 통신방식은 현재 시대에는 낙후된 방식으로 생각하는 사람도 있겠으나 어선이나 선박무선 등을 비롯한 해상통신에 활발하게 사용되어 왔으며, 여전히 활발하게 사용되고 있다. 그림 1-6은 모스 부호를 사용한 전신의 원리도이다.

전신은 통신이라고 하는 인간사회에 불가결의 요소로서 큰 혜택을 가져다주었으나 인간의 욕구를 충족시키지는 못했다. 상대에게 전달하려는 내용을 일일이 문장으로 쓰고 다시 그것을 모스 부호로 변환하여 보내지 않으면 안됐기 때문이다. 그래서 자신의 음성을 그대로 상대에게 전하고 또한 상대의 음성도 바로 들을 수 있는 방법이 고안되게 되었다. 그 결과 발명된 것이 전화이다. 전화는 원리적으로는 1860년 독일의 라이스가 고안하였으나 실용적인 전화가 된 것은 1876년 미국의 벨과 크레이 두 사람이 각각 독자적으로 발명한 때부터이다. 그 후 보급된 것은 벨이 발명한 전화이다. 벨은 스스로 벨 전화회사라고 하는 회사를 세우고 그것이 점점 성장되어 현재의 미국 전화 전신 회사(AT&T: American Telephone & Telegraph Corporation)가 되었다. 그림 1-7은 전화의 원리도이다.

지금까지 기술한 전신 및 전화는 모두 송신자와 수신자간을 전선으로 연결하고 그 전선을 흐르는 전기에 의해 통신하는 기술로서 이것을 유선통신이라고 한다. 유선통신에 대응되는 것은 물론 무선통신이다. 무선통신이라는 것은 송신자와 수신자간에 전선이 없는 상태에서 전파를 이용해 통신하는 기술이다. 그림 1-8은 유선통신과 무선통신의 개념도이다.

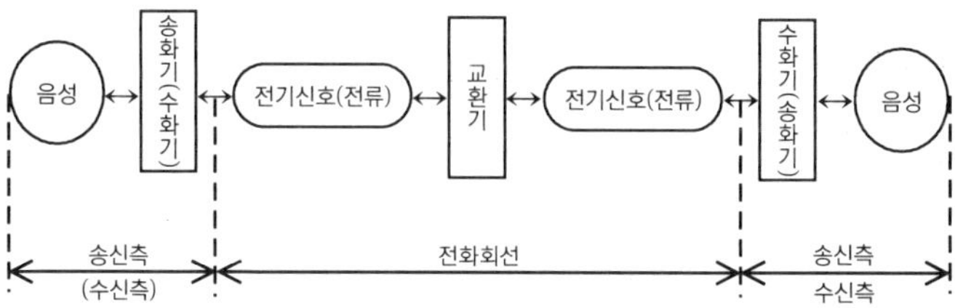

그림 1-7 전화의 원리도

그림 1-8 유선통신과 무선통신의 개념도

1.2 통신의 방식

1.2.1 단방향 통신과 양방향통신

단방향통신방식(Simplex Communication)은 정보가 오직 한 방향으로만 전송되는 것으로 송신기와 수신기가 미리 정해져 있는 통신방식이다. 단방향통신을 이용하는 시스템으로는 원격제어시스템, 공중방송인 TV방송과 라디오방송이 있다.

양방향통신(duplex communication)은 송신기와 수신기가 미리 정해져 있지 않고 한 개의 시스템이 송, 수신기의 역할을 수행하는 통신방식이다. 정보를 동시에 송, 수신하는지의 여부에 따라 반이중통신방식과 전이중통신방식으로 분류한다.

반이중통신방식(halfduplex: HDX)은 송, 수신 기능을 한 개의 시스템에서 동시에 수행할 수 없는 통신방식으로 송신과 수신이 교대로 발생한다. 대표적인 예로는 무전기시스템이 있으며 컴퓨터 통신망에서 가장 널리 이용되고 있는 통신방식이다.

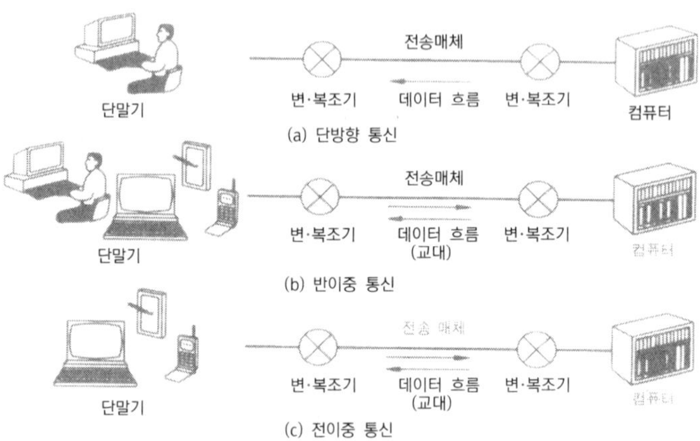

그림 1-9 통신방식의 구성도

전이중통신방식(full duplex : FDX)은 두 개의 시스템이 동시에 정보를 송, 수신할 수 있는 방식으로 가장 효율이 높은 방식이다. 전이중통신방식은 일반적으로 송, 수신 회선이 따로 존재하는 4선식으로 구성된다.

1.2.2 직렬전송과 병렬전송

직렬전송은 하나의 전송로를 통해 데이터를 한 비트씩 순서대로 전송하는 방식으로 수신측에서는 직렬신호를 병렬신호로 바꾸는 과정이 필요하다. 직렬전송의 경우 속도는 비교적 느리나 장거리 전송에 유리하다. 직렬전송방식을 사용하는 데이터통신 시스템의 대표적인 것은 인터페이스와 모뎀(modem)등이 있다.

병렬전송은 고속전송을 필요로 하는 송신측과 수신측사이에서 여러 개의 전송로를 통해서 복수 개의 데이터 비트를 동시에 전송하는 방식이다. 병렬전송은 복수 개의 통신로가 필요하기 때문에 비경제적이므로 근거리 전송 이외에는 거의 사용하지 않는다.

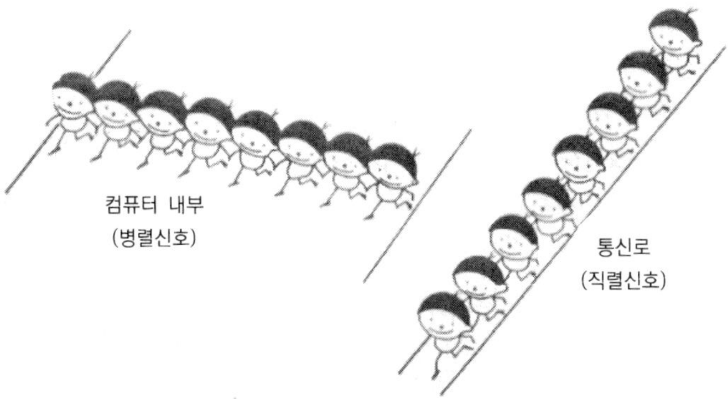

그림 1-10 직렬전송과 병렬전송

1.2.3 동기방식(Synchronous Transmission)

동기전송은 미리 정해진 수만큼의 문자열을 한 그룹으로 만들어 일시에 전송하는 방식이다. 즉 다수의 바이트를 담고 있는 프레임의 비트 흐름으로써 시작 비트/정지 비트 및 간격 없이 차례로 전송된다.

- 수신단말기에서는 프레임으로 된 데이터를 수신하기 위해 반드시 버퍼 기억장치가 필요하며, 복호화하기 위해 비트 흐름을 바이트로 분리하는 것은 수신자의 몫이다.
- 수신기에는 비트 흐름을 받는 도중에 비트의 동기화를 맞추도록 도와주는 장치가 내장되어 있지 않아, 수신 된 정보의 정확도는 비트가 들어오는 대로 정확히 셀 수 있는 수신기의 능력에 좌우되므로 타이밍에 매우 중요하다.
- 송수신 양쪽에 설치 된 모뎀이 타이밍 신호를 공급하며, 이 타이밍 신호에 의하여 정확한 전송이 이루어지도록 제어되고, 계속적인 도기를 유지하기 위해서 동기 문자가 하나 또는 둘 정도 전송된다.
- 링크를 통해 이동하는 비트 수가 적어져 전송 효율이 좋고, 고속 데이터 전송에 적합하다.

1.2.4 비동기방식(Asynchronous Transmission)

비동기 전송은 타이밍 문제를 피하기 위해 긴 비트열을 전송하지 않고 한 번에 한 문자씩 전송하는 것으로 Start-Stop(시작-정지) 방식이라고 하며, 텔레타이프형 단말기에서 키보드를 하나 누르면 한 글자가 전송되고 다음 번 글자를 누를 때까지 유휴 시간이 계속되는 것처럼, 송신기는 타이머와는 무관하게 언제든지 전송할 수 있다.

시작 비트(start bit)와 정지 비트(stop bit)의 사용 목적
☞ 문자(byte)와 문자(byte)를 구분해 주는 역할
☞ 수신쪽에서 송신쪽과 동기를 유지하며 데이터를 정확히 하기 위함

- 수신쪽에서는 한 문자가 시작될 때마다 시작 비트의 도착에 의해 동기가 이루어지므로 문자와 문자 사이의 휴지시간은 문제가 되지 않으며, 데이터 비트와 정지 비트 사이에 패리티 비트를 두어 수신쪽에서 전송 에러 여부를 판단할 수 있다.
- ASCII 문자가 패리티(Parity) 비트를 포함해서 8비트 단위로 전송될 때, 수신기가 송신기보다 5% 빠르거나 느리면 8번째 정보 비트는 45% 빠르거나 느리게 나타나지만 정확하게 인식된다.

1.3 통신망의 구성은 어떻게 되어있을까?

1.3.1 망의 종류

1) 전화망

전화망은 전화교환기가 전화기의 다이얼번호에 따라 상대방의 전화기를 선택, 접속하여 음성통신을 하기 위한 망이다.

2) 컴퓨터망

컴퓨터망은 통신회선으로 멀리 떨어진 곳에 있는 컴퓨터를 접속하여 컴퓨터가 갖고 있는 소프트웨어나 하드웨어를 공동으로 이용하도록 만들어진 망이다.

3) 데이터통신망

데이터통신망은 컴퓨터나 단말장치 사이에서 데이터를 송수신하는 데이터통신 시스템이다.

4) 팩시밀리통신망

팩시밀리통신망은 팩시밀리 전용교환기로써, 망에서 팩시밀리 정보를 일시 축척, 보관해 두는 기능이 있고 수신측 팩시밀리 단말장치가 통화중일 때는 일정시간 뒤 다시 호출하여 보내는 기능이 있는 망이다.

5) 데이터교환망

데이터교환망은 데이터통신 전용망으로 불특정 다수의 단말장치가 다이얼로 상대방을 선택하여 데이터를 교환할 수 있는 망이다.

6) 비디오텍스통신망

비디오텍스통신망은 전화교환회선에 비디오 수상기나 컴퓨터를 연결하고 호출하여 일기예보, 주식현황, 레저정보 등의 각종 데이터를 TV화면에 나타내는 쌍방향성 시스템이다.

7) 근거리통신망

근거리통신망(LAN : Local Area Network)은 건물이나 구내 등의 한정된 공간에 적용되며, 사무자동화 (OA) 시스템을 만들기 위한 망으로 구내정보통신망이라고도 불린다.

1.3.2 분기 모양에 의한 통신망의 분류

회선 모양의 분기 모양에 따라 분류한 것으로 성형, 버스형, 링형, 트리형과 같은 형태의 통신망을 구축할 수 있다.

종류	형태	전송매체	특징
성형	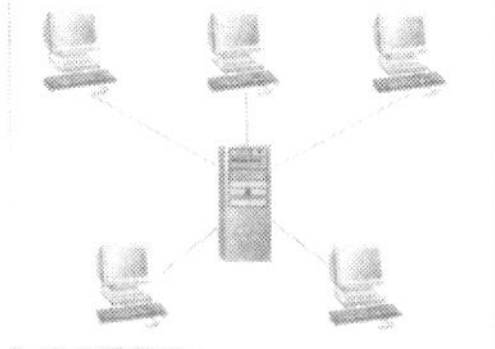	꼬임선 광케이블	중앙의 네트워크 제어 장치를 중심으로 각 노드가 점-대-점 방식으로 연결 **장점:** 설치비용이 저렴하다. **단점:** 중앙 제어장치가 고장나면 전체가 마비된다.
버스형	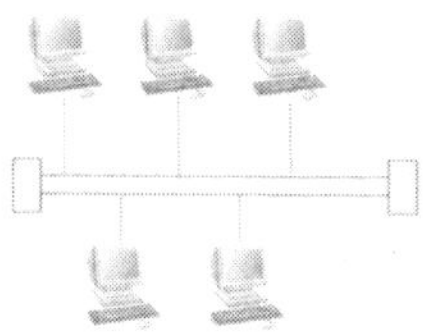	동축케이블	전송매체 하나에 여러 개의 노드가 연결 **장점:** 설치가 간단하고 노드 추가가 용이하고 망 노드의 고장 시 그 노드만 제한되고 다른 노드에 영향 미치지 않는다. **단점:** 망 전체를 제어하는 장치가 없으므로 잡음에 대한 감지가 어렵고 비효율적이다
링형	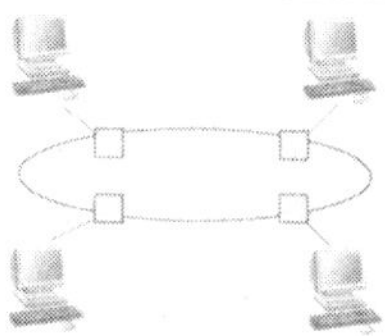	꼬임선 광케이블 동축케이블	전송매체가 원형을 이루며, 노드가 링에 순차적으로 연결 **장점:** 총 선로 길이를 짧게 할 수 있다. **단점:** 노드의 추가 삭제가 복잡하다.
트리형	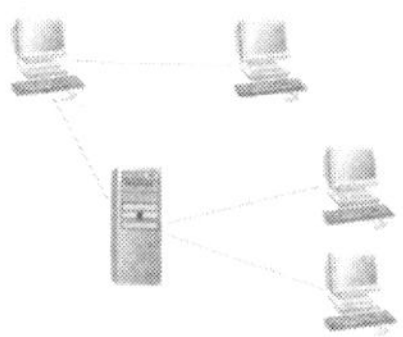	동축케이블	버스형이 확장된 형태 장단점은 버스형과 유사하다.

그림 1-11 회선망의 분기 모양에 따른 분류

1) 성형(Star Type)

중앙에 컴퓨터가 있고 그 주위에 단말기를 직접 연결한 비교적 단순한 형태이다. 이 시스템은 중앙의 컴퓨터에 장애가 발생하는 경우 연결된 모든 시스템의 기능이 중지되는 단점이 있다.

2) 버스형(Mesh Type)

구내 정보 통신망(LAN) 기본 형태의 하나, 버스형은 케이블 설치에 소요되는 비용이 최소이며 각 노드의 고장이 다른 부분에 전혀 영향을 미치지 않으나, 기저 대역 전송 방식을 쓸 경우 거리에 민감하여 거리가 멀어지면 중계기가 필요하다.

3) **링형**(Ring Type)

이웃에 있는 단말기 간을 서로 연결한 형태로 양방향으로 정보 전송이 가능하며, 회선 장애가 발생할 때 융통성을 가질 수 있다.

4) **트리형**(Tree type)

중앙에 있는 컴퓨터와 일정 지역까지는 하나의 회선으로 연결하고 일정한 지역과 이웃하고 있는 단말기는 일정 지역에 있는 단말기로부터 다시 연장하여 연결하는 형태이다.

유·무선통합 서비스 경쟁이 치열하다. 유선전화 시장이 인터넷전화로 급격히 대체되면서 무선통신까지 인터넷전화로 대체하거나 인터넷전화 요금으로 이용할 수 있는 서비스가 나왔다. KT는 휴대전화로 가정이나 사무실 등 무선 랜(WiFi)이 가능한 구역에서 통화할 때마다 인터넷전화 요금이 부과되는 유·무선융합(FMC) 서비스를 선보였다.

◈ 실습목표 ◈

데이터의 송·수신 방법을 알고 PC통신, LAN 및 인터넷 등의 통신을 원활히 할 수 있다.

◈ 실습목표 ◈

LAN 망에 접속하는 방법

1. PC에 LAN 카드를 연결하여 유닉스 시스템 LAN 망의 단자에 접속한다.
2. CONNECT 9600 메시지가 나온 후 엔터키를 몇 번(2번) 누른다.
3. 'log in :' 메시지가 화면에 나타나면 선로의 접속이 완료 된 상태이므로 자신의 ID로 로그인한다.

◈ 알아보기 ◈

1. 통신의 발달과정을 유선전신과 무선전신별로 상세히 알아보자.
2. 모스(Morse) 부호가 통신에 이용되기까지의 과정을 살펴보자.
3. 전신의 전송로와 전화의 원리도에 대하여 설명하여라.
4. 무선통신을 발명한 여러 과학자들의 업적을 조사해 보자
5. 통신방식의 구성도를 작성하고 간단히 설명하여라.
6. 직렬 전송과 병렬 전송에 대하여 설명하여라.
7. 동기식과 비동기식을 비교하여 설며하여라.
8. 통신망의 종류와 구성에 대하여 설명하라.

2

아날로그 통신

목표

○ 아날로그의 어원과 진폭, 주파수, 위상변조

○ 신호가 정보에 이용되는 과정과 데이터에 대한 개념

2.1 아날로그 통신이란 무엇인가?

2.1.1 아날로그 신호의 파형

아날로그(Analog)의 어원에 대해 먼저 알아보면, 아날로그(analog)는 '비슷하다(analogous)'는 말에서 파생되어 나온 것으로, '연속적(continous)'이라는 의미를 가진다.

또한 아날로그정보라는 것은 연속적인 값을 가지는 정보를 지칭한다. 즉, 시간에 따라 크기가 연속적으로 변하는 정보를 말한다. 예를 들어, 음성과 동화상은 그 강도(intensity)에 있어서 연속적인 패턴변화를 가진다.

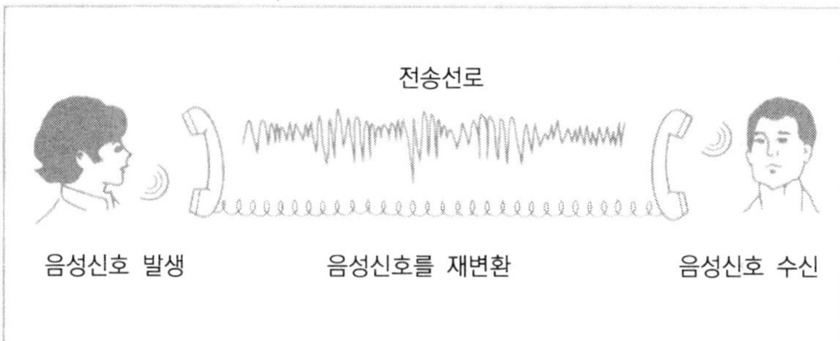

그림 2-1 일상적인 대화에서 음성의 전달

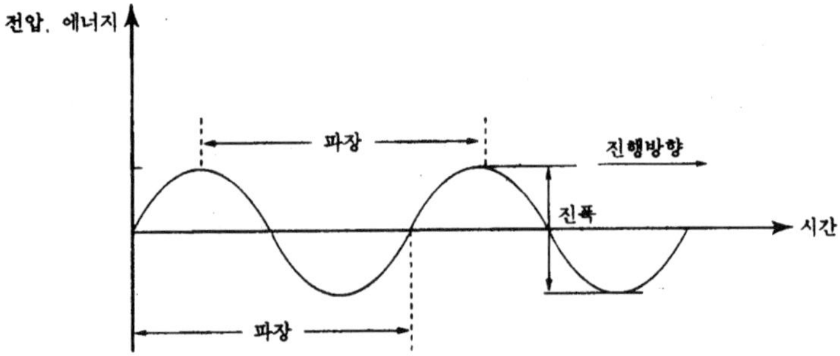

그림 2-2 전형적인 아날로그신호(사인파)

그리고 그림 2-2와 같이 아날로그신호(Analog signal)는 시간에 따라 그 크기와 패턴이 끊임없이 변하는 전자기파이다. 전자기적 신호의 파형이, 파동(wave)으로 묘사되는 음성(sound wave)과 비슷한 형태를 가지므로, 아날로그신호라고 부르게 되었다. 또한, 시간의 흐름에 따라 신호변화가 연속적으로 이어지므로 연속형 신호라고도 불린다.

그림 2-2에서 볼 수 있듯이, 전형적인 아날로그신호인 사인파(sine-wave)는 진폭(amplitude)과 파장(wavelength) 그리고 위상(phase)이라는 특성요소를 가진다. 진폭은 신호의 크기이며, 파장은 신호가 반복되는 한 사이클(cycle)의 길이이다. 파장은 특히, 이와 역수관계를 이루는 진동수 혹은 주파수(frequency)로 표현되기도 하는데, 이는 단위시간에 발생하는 사이클의 횟수를 말한다. 소리를 예로 보면 높은 소리는 높은 주파수값을 가지며, 강하고 큰 소리는 진폭이 크다.

아날로그 통신방식에는 진폭변조, 주파수변조, 위상변조방법을 이용하여 교류신호의 반송파에 중첩시켜 이용하는 통신을 말한다.

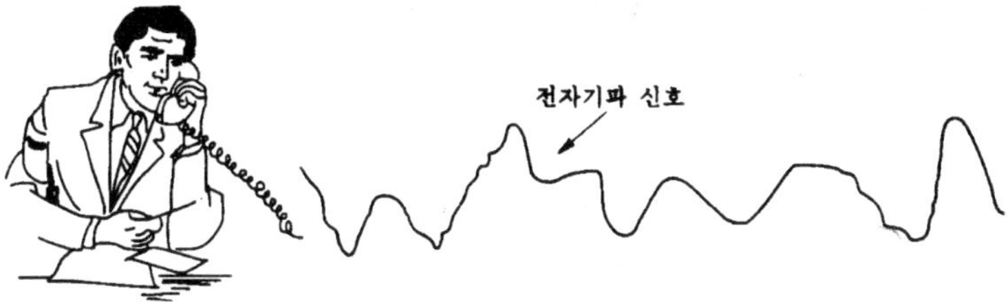

그림 2-3 음성의 전자기파 신호로의 변환

2.1.2 변조란 무엇인가?

변조(modulation)는 반송파가 안테나를 통해서 전파를 보낼 때 이를 체계적으로 전환시켜 제대로 전달될 수 있도록 하는 방법이다. 그리고 정보를 전달하기 위해 무선 에너지를 이용해 정보를 부호화하는 과정이라고 할 수 있다.

1) 변조는 왜 필요한가?

- 전파의 발사가 효율적이다.

전자파를 효율적으로 공중에 발사하기 위해서는 안테나가 필요한데, 안테나의 길이는 전송 신호의 주파수에 반비례한다. 음성 신호와 같이 낮은 주파수를 그대로 발사하려면 길이가 수백 km나 되는 안테나가 필요하다. 이를 높은 주파수에 실어, 즉 변조하여 보내면 불과 수 m 정도로도 가능하다.

- 잡음과 간섭의 영향을 적게 받는다.

통신 시스템에서 잡음과 간섭은 피할 수 없는 현상이나, 변조 방식을 적절히 선택하면 영향을 적게 받도록 할 수 있다. 예를 들어, FM 방송이 AM 방송에 비해 음질이 깨끗하게 들리는 이유가 바로 FM 변조 방식이 잡음과 간섭에 강하기 때문이다.

■ 주파수를 배정하여 각종 통신을 할 수 있다.

변조를 통해 정보 신호를 원하는 주파수대에서 전송할 수 있기 때문에, 각종 통신 방식을 다른 주파수대에 배정하여 각종 통신을 할 수 있다. 예를 들면, AM 방송은 MHz대, FM방송은 100 MHz대, 휴대 전화는 1 GHz대 등에 배정하여 서로 혼선 없이 통신할 수가 있다.

■ 신호를 다중화하여 전송할 수 있다.

한 개의 전송 매체에 여러 신호를 각각 다른 주파수대로 변조하여 보내면 혼선 없이 전송할 수 있다. 하나의 전송 선로에 여러 채널의 정보를 묶어서 동시에 보내는 방식을 다중화라고 한다. 하나의 동축 케이블을 통해서 수십 개의 방송 채널을 전송하는 유선 방송과 광섬유를 통해서 수만 채널의 음성 신호를 보내는 방식이 그 예가 된다.

■ 통신 장비의 한계를 극복할 수 있다.

위에서 언급한 안테나의 예에서와 같이 변조하지 않고 전송하려면 그 길이가 수백 km나 되어 장비 제작이 불가능하게 된다. 휴대 전화의 경우에 높은 주파수를 사용하지 않으면 안테나의 길이가 매우 길어야 하며, 부품도 매우 커지게 되어 지금처럼 발전하지 못했을 것이다.

2.1.3 아날로그 변조

파동으로서의 전자기파는 진폭, 주파수, 위상으로 결정된다. 이 세 가지 양을 전송하고자 하는 정보에 대응되는 양으로 변화시키면 정보가 실린 전자기파를 만들 수 있다.

이때의 전자기파를 보통 정보를 실어 나른다는 의미에서 반송파(Carrier wave)라고 하는데, 보내고 싶은 신호보다 훨씬 더 높은 주파수가 사용된다. 신호의 스펙트럼을 더 높은 주파수 쪽으로 이

동시켜야 효과적이라는 것은 앞에서 설명한 바와 같다.

전자기파의 변조방법에는 이 세 가지 양 중에서 어느 것을 변화시킬 것인가에 따라서 결정되는데, 그 각각을 진폭변조(AM: Amplitude modulation), 주파수 변조(FM: frequency modulation), 위상변조(PM: phase modulation)라고 한다. 위상변조는 구현방식이 다른 것에 비해 비교적 까다롭기 때문에 잘 사용되지 않으므로, 여기서는 진폭변조와 주파수변조에 관해서만 간략하게 설명하기로 한다.

1) 아날로그 데이터 전송방식

어떤 데이터를 전송하고자 할때 전송되는 데이터의 특성, 데이터 전송을 수행하는 기기, 수신되는 데이터를 인식하여 처리하는 사항들에 있어서 중요한 점은 취급해야 할 대상이 아날로그인지 디지털인지 하는 것이며, 다음 세 가지 관점이 있다.

데이터

목적지의 사용자(사람 또는 기계)가 읽어서 의미를 알 수 있는 메시지는 무엇이든 정보(데이터, 음성, 그림 등의 형태)가 될 수 있으며 정보는 어떤 의미를 전달하는 실체(entity)로 정의하는 데이터로 표현된다.

신호

데이터가 전송되기 위해서는 전자기적 신호로 변환되어야 하며, 데이터와 마찬가지로 신호도 아날로그나 디지털이 될 수 있다.

전송

전송은 신호의 전파와 처리에 의한 데이터의 통신을 의미하며, 아날로그 신호와 디지털 신호 모두 적당한 전송매체를 통해 전송될 수 있다.

아날로그 데이터

연속적인 값을 가지며 아날로그 양은 측정 단위(예: 키 1 m 80 cm)를 사용한다.

아날로그 신호

전기적 신호가 연속적으로 변하는 전자파로 데이터를 표현하며, 범위 내의 어떠한 값도 가질 수 없다.

- 진폭은 신호의 높이를 말하며, 신호의 종류에 따라 볼트(전압), 암페어(전류), 와트(전력)로 측정된다.
- 주기(T=1/f)는 한 사이클을 이루는 데 걸리는 시간의 양을 나타내며 초로 표현된다.
- 주파수(f=1/T)는 1초 동안에 생성되는 주기의 수를 말하며 Hz로 표시한다.
- 위상은 시간축을 따라 앞뒤로 이동될 수 있는 파형의 이동된 양을 말하며, 각도나 라디안(360도 = 2π라디안)으로 측정된다.

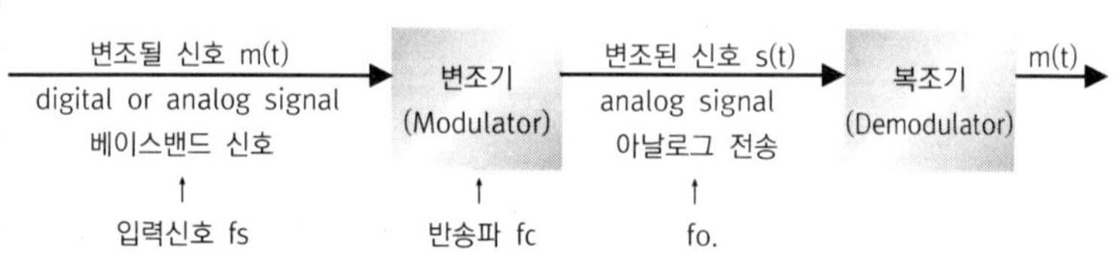

변조: 입력신호 fs와 fc의 주파수를 가진 반송파를 결합시켜 fc±fs의 대역폭을 가지는 신호 fo(t)를 생성하는 과정

그림 2-4 아날로그 전송 과정

■ 아날로그 전송

전송 내용에 관계없이 아날로그 데이터 또는 디지털 데이터를 나타내는 아날로그 신호를 전송하는 것으로, 디지털 신호의 아날로그 전송은 사용되지 않는다.

2) 주파수 변조의 필요성

진폭 변조에 비하여 주파수 변조(Frequency Modulation : FM)는 일정량의 정보를 전송하는데 필요한 대역폭(bandwidth)이 더 넓고, 회로는 보다 복잡하다. 그럼에도 불구하고 통신 시스템에 필수적인 주파수 변조의 여러 장점들 때문에 널리 이용된다.

3) 위상 변조의 필요성

진폭 변조(AM)에서는 반송파의 진폭을 변화시켜서 정보를 전송하였으나 정현파 신호는 진폭, 주파수, 위상의 세 가지 변수고 표시되므로 그 어느 것을 변화시켜도 정보를 전송할 수 있다.

여기서 정현파의 진폭을 일정하게 유지하고 정보에 따라 주파수를 변화시켜 전송할 때에 이를 주파수 변조(Frequency Modulation)라 하며, 반면에 위상을 변화시켜 전송하는 경우를 위상 변조(Phase Modulation)라고 한다. 그리고 주파수 변조(FM), 위상 변조(PM)을 일괄하여 각 변조(Angle Modulation)라고 한다.

2.1.4 반송파

반송파(Carrier Wave)는 정보가 실리는 기본적인 무선 에너지를 말한다. 일반적으로 음성을 재생하는데는 사람의 목소리, 드럼의 헤드, 색스폰의 리드, 기타줄 등의 도구가 필요하다. 무선파 재생을 위해서도 전자 장비를 이용한 진동이 필요하다. 진동 장비는 무선파의 방향, 강도를 조절하면서 재생시킬 수 있는데 전자회로상에서는 전파를 전달하기 위해 선을 사용한다. 만약 일반 가정에서 선을 이용해 초당 60사이클의 진동 주파수를 지닌 전파를 전달할 경우 외부의 전파 에너지 감소 요인이 없는 한 60 ㎐의 음성으로 선을 통해 전달하면 된다.

방송 전파를 전달할 경우엔 무선 주파수 에너지를 발생시켜 전달 안테나를 통하여 수신 지역으로 들어가게 된다. 송신기에서 반송파가 발생하면 반송파의 영향으로 방송국에 할당된 주파수가 진동을 하고 에너지를 발생시킨다. 이 때 발생한 주파수가 계속적으로 음성과 영상을 보내는 것이다.

2.2 정보와 신호는 어떻게 다른가?

2.2.1 정보와 신호

정보는 내용이고 신호는 형식이라고 간단히 생각해 볼 수 있다. 어디까지나 내용이고, 어디서부터 형식임을 구분하는 명확한 기준은 없으나. 일반적으로, 정보가 통신수단에 적합하도록 특별히 구현되면 신호로 간주한다. 여기서 특별히 구현한다는 것은 정보를 코딩(coding)등의 변환 과정을 거쳐서 전류나 전자기파 형태의 에너지의 흐름으로 변환시키는 것을 말한다.

2.2.2 신호의 전송

전송신호는 직접 전송매체를 통과하는 신호를 지칭하며, 이는 정보를 직접 신호화한 형태(부호화된 신호)와 다를 수 있다. 그림 2-5는 정보와 신호 그리고 이의 전송과정을 정리한 것이다. 그림에서 보는 바와 같이, 정보는 의미를 담은 실체이고 신호는 정보를 전자기적 에너지 형태로 표현한 것이다. 이 과정에서 부호화 등의 추가적인 변환과정을 거친다. 전송신호는 일차적으로 변환된 신호를 전송매체의 물리적인 특성 등에 적합하도록 다시 재변환한 것이다.

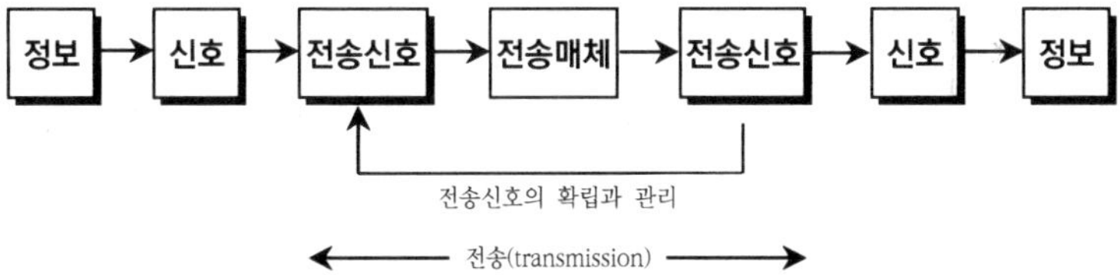

그림 2-5 정보, 신호, 전송

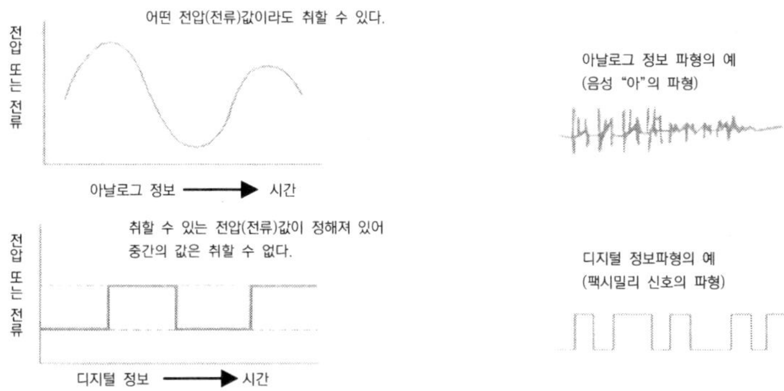

그림 2-6 아날로그와 디지털의 파형 차이점

2.2.3 정보신호의 종류

정보를 전기신호로 변환하면, 정보는 전압(또는 전류)이 시간에 따라 어떻게 변화하는지로 표시된다. 이 때, 여러 전압의 값을 취하면서 연속적으로 변화하는 것을 아날로그 정보(신호)라 하고, 미리 정해진 전압의 값(유한 개)만 가지는 것을 디지털 정보라 한다.

디지털 정보는 2개의 전압 값(예를 들어 3 V와 0 V)만을 가지는 것이 많고, 특별히 지칭하지 않는 한 디지털 정보라 하면 이와 같이 2개의 값만을 가지는 것을 말하고, 디지털 정보의'1', '0'을 각각의 전압의 값에 대응시키고 있다.

2 아날로그 통신

아날로그 정보는 음성, 음악, 텔레비젼 영상, 그림과 사진 등의 화상 등이고 디지털 정보는 컴퓨터와 PC, 워드 프로세서 등이 데이터, 팩시밀리, 텔렉스(가입전신) 등이다. 그림 2-6을 참고하기 바란다.

통신은 사람과 사람, 사람과 기계 등과 같이 모든 개체 사이의 의사소통이나 정보를 교환하는 것을 일컫는다. 이러한 정보를 교환함에 있어서 여러 가지 전송 매체를 통신의 수단으로 사용해 왔다.

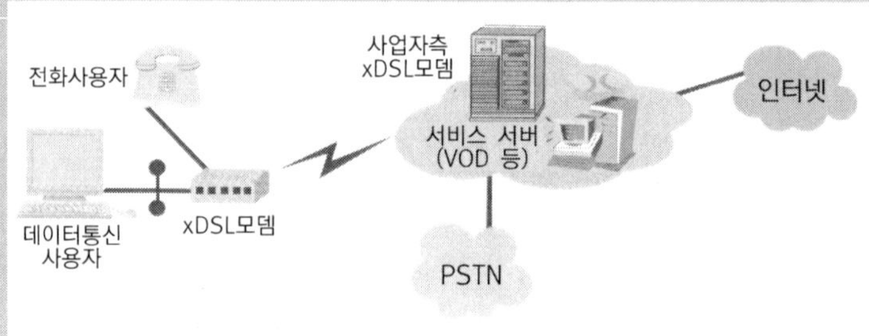

◈ 익힘문제 ◈

1. 아날로그 신호의 어원과 파형대하여 상세히 설명하여라.
2. 아날로그신호에 이용되고 있는 변조의 종류에 대하여 열거하라.
3. 진폭변조(AM), 주파수 변조(FM), 위상변조(PM)에 대하여 간단히 설명하여라.
4. 정보와 신호에 대하여 설명하고 아날로그와 디지털 파형의 차이점을 설명하여라.

3

디지털 통신

목표

- 디지털의 통신방식과 신호파형과 이진수의 모형
- 디지털의 변조과정인 진폭편이 변조, 위상편이 변조, 주파수편이 변조

3.1 디지털통신이란 무엇인가?

3.1.1 0과 1 두 수로 나열한 디지털의 원리

디지털신호는 신호형태가 시간에 따라 급격하게 바뀌며 이산형 신호라고도 한다. 이러한 불연속적인 신호형태의 변화를 통하여, 정해진 약속에 따라 정보를 해독한다. 예를 들어 일정한 수준의 양(Constant Dositive)전압은 이진값 1을, 반대로 일정한 수준의 음(Constant Negative)전압은 이진값 0을 가지는 것으로 약속하여, 8개의 비트의 조합으로 한 단어(word)를 표현할 수 있다.

이와 같이, 오로지 두 개의 값만을 취하는 이진신호(Binary signal)가 디지털 신호의 가장 일반적인 형태이다. 앞으로는 특별한 언급이 없는 한, 디지털 신호는 이진신호를 말하는 것으로 한다. 디지털신호에서는 개객의 벌프신호(pulse signal) 하나가 전의 것과 같은가 다른가 하는 질적인(qualitative) 정보가 중요하다. 그림 2-7은 전자기파의 펄스신호를 표시한 것이다.

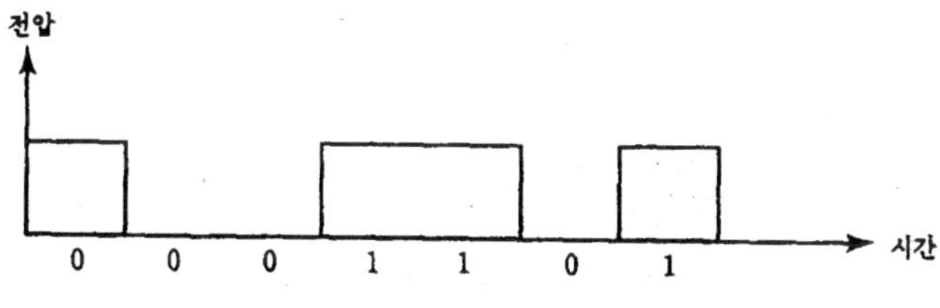

그림 3-1 전자기파 펄스신호

1) 디지털 데이터 전송방식

디지털 데이터

이산적인 값을 가지며 디지털양은 계수(예: 한 학급의 학생 수 15명)된다.

디지털 신호

- 전압 펄스의 연속으로 데이터를 표현하며 제한된 수의 값만을 가질 수 있다.
- 대부분의 디지털 신호는 비 주기적이어서 주기 대신 비트 간격(bit interval: 하나의 단일비트를 전송하는데 드는 시간), 주파수 대신 비트율(bit rate: 시간당 비트간격의 개수)을 사용한다.
- 디지털 신호는 서로 다른 진폭, 주파수, 위상을 갖는 무한개의 단순 정현파(조파: harmonic)로 분해 될 수 있으며, 이는 전송 매체를 따라 디지털 신호를 전송할 때 무한개의 단순 신호를 보냄을 의미하고 실제로 전 영역에 걸친 주파수를 전송할 수 있는 전송매체가 없으므로 디지털 신호는 항상 왜곡된다.

디지털 전송

전송되는 신호의 내용이 중요하기 때문에 전송 데이터에 감쇠가 발생할 때 인식이 가능한 정도의 거리고 제한되어 있으며 장거리 전송의 겨우 리피터(repeater, 중계기)를 사용한다.

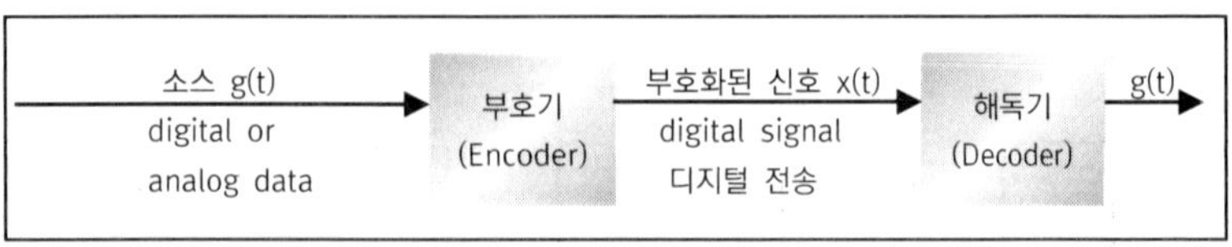

그림 3-2 디지털 전송 과정

리피터는 디지털 신호를 수신하여 0과 1을 구별한 다음 새로운 디지털 신호를 만들어 전송하므로 감쇠 현상을 극복할 수 있으며, 디지털 데이터를 표현한다고 가정한 아날로그 신호를 생성하므로 잡음을 제거할 수 있다.

■ 디지털 전송의 특징

· 디지털 기술의 발전: 디지털 회로의 가격이 낮아지고 크기가 작아지고 있다.
· 데이터 무결성: 리피터를 사용함으로써 잡음 및 그 밖에 신호 손상을 제거할 수 있다.
· 전송용량의 활용: 다중화(multiplexing)가 디지털 기법으로 보다 쉽게 구현될 수 있다.
· 보안(security)과 프라이버시(privacy): 데이터에 암호화 기법을 사용할 수 있다.
· 통합화(integration): 신호가 동일한 형태를 가지게 되어 유사한 방법으로 처리할 수 있다.

3.1.2 디지털 방식의 장점

디지털 신호는 매우 간단하기 때문에 아날로그 신호에서 생길 수 있는 외부 영향에 의한 문제점들을 해결할 수 있다. 디지털 신호는 on과 off로만 구분되어 있기 때문에 원상태의 진동이 질적인 면에서 보더라도 거의 손실 없이 해독된다.

디지털 신호는 불연속적으로 전송 과정에서 on, off 상태만 이용하므로 간단하게 전달이 이루어진다. 따라서 장애 현상을 최대한 막을 수 있고 원래의 신호가 거의 그대로 수신된다.

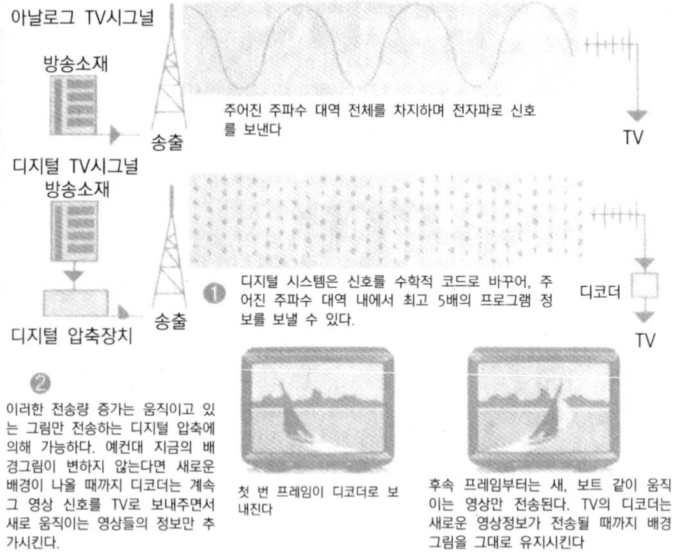

그림 3-3 아날로그와 디지털TV 시그널의 비교

또한 신호가 아무리 다양하더라도 결국 그것은 on 아니면 off이기 때문에 그 자체가 수신되는 정보의 모든 것이 된다. 광케이블로 전파를 보내려면 PCM(Pulse Code Modulation) 방식을 사용하여 방송에 사용하면 종래의 방속 방식에 비해 잡음에 강하고 고품질의 방송이 가능하다.

3.1.3 디지털의 부호화(Encoding) 과정

현대의 디지털화 과정도 이와 같은 on-off 원리를 이용한다. 이것을 이원방식코드(Binary Code)라고 하는데 이진법을 연상시키면 된다. 이진수는 0과 1 두 가지로 이루어져 있는데, 0~9까지의 수라든지, 알파벳, 마침표 그 외 여러 표시들을 0과 1 두 수를 이용해 다시 표현할 수 있다.

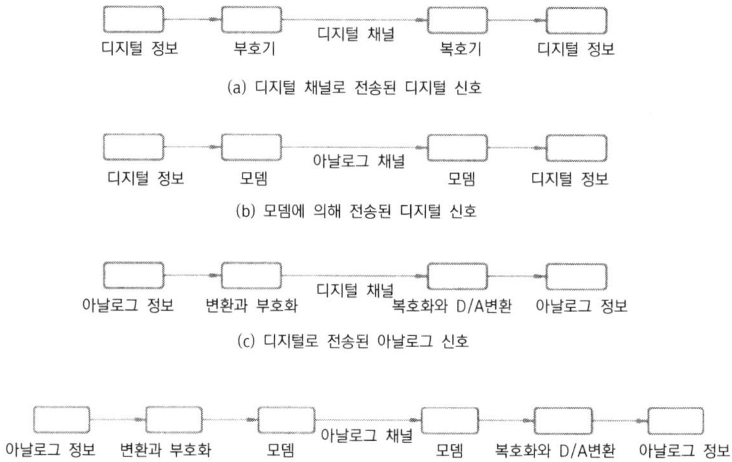

그림 3-4 디지털화하고 모뎀에 의해 전송 된 아날로그 신호

모든 커뮤니케이션이 0과 1 두 가지 수로 표현이 가능해진다. 전자 신호에서 off는 0을 의미하고 on은 1을 의미한다. on과 off는 정반대 의미이기 때문에 두 요인간에 전혀 모호함이 있을 수 없다. 따라서 이러한 간결성 때문에 전파 송신이나 그 외 통신에서 생길 수 있는 간섭이나 불완전성을 해결할 수 있다.

3.2 디지털의 신호 및 전송

3.2.1 변조 방식

변조방식의 종류에는 아날로그변조와 디지털변조의 두 종류로 나누어진다.

1) 아날로그 변조

아날로그변조는 정보를 담고 있는 원래의 아날로그 신호를 진폭, 주파수, 위상변조 방법을 이용하여 교류 신호의 반송파(Carrier)

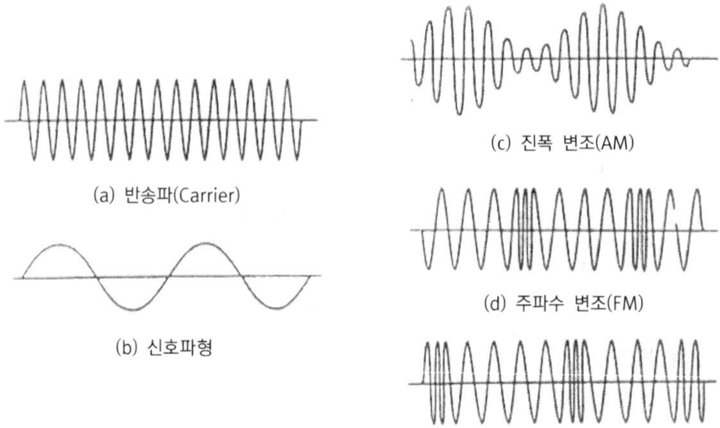

(a) 반송파(Carrier)

(b) 신호파형

(c) 진폭 변조(AM)

(d) 주파수 변조(FM)

(e) 위상변조(PM)

그림 3-5 아날로그 변조 방식

에 중첩시킴으로써 효율적으로 전송하기 위한 다른 형태의 아날로그신호를 생성하는 것이다.

이러한 변조방식으로는 진폭변조방식(AM: Amplitude Modulation), 주파수변조방식(FM: Frequency Modulation), 위상변조방식(PM: Phase Modulation)등이 있다.

2) 디지털 변조

디지털변조는 2진부호의 형태인 원래의 디지털 신호를 반송파의 진폭, 주파수, 위상을 변화시켜 전송하기에 적합하게 아날로그 신호를 만들어 내는 것이다. 그리고 일반적인 데이터통신이나 컴퓨터통신에서와 같이 디지털 신호를 아날로그 전송로를 통해 전송할 경우 사용하는 변조로 다음과 같이 3종류가 있다. 그림 3-6은 디지털 변조를 나타내고 있다.

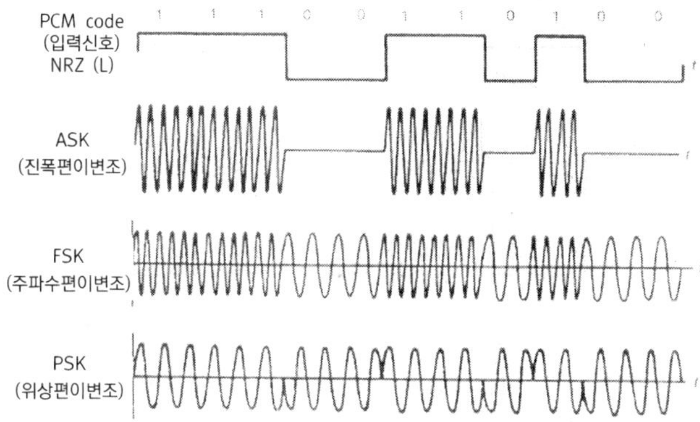

그림3-6 디지털 변조

진폭편이변조

진폭변이변조(ASK: Amplitude Shift Keying)는 원래 신호가 1일 때는 교류 신호를 송출하고 원래 신호가 0일 경우에는 신호를 송출하지 않는 방식이다. 즉, 정현파 신호의 진폭을 2진 신호인 "0"과 "1"로 대응시켜 변화시키는 방법이다. 과거에는 텔레그래프(telegraph)시스템에 이용되었지만 전송로의 잡음에 약한 단점이 있어 현재는 거의 쓰이지 않는다.

주파수편이변조

주파수변조(FSK: Frequency Shift Keying)는 원래 신호를 표현할 경우 신호가 1일 때는 높은 주파수의 반송파를, 신호가 0일 때는 낮은 주파수의 반송파를 송출하는 방식이다. 즉, 주파수의 변화에 정보를 싣는 것이다.

위상편이변조

위상변조(PSK : Phase Shift Keying)는 원 신호가 0, 1일 때 반송파의 위상을 변화시켜 데이터를 전송하는 방식이다. 일반적으로 2진 신호 1은 기준위상을 나타내고 0은 반전된 위상으로 변화시킨다.

3.2.2 펄스변조 방식

펄스변조방식에는 다음과 같이 크게 네 종류로 분류할 수 있다. 그림 3-7은 펄스변조신호를 나타내고 있다.

1) 펄스진폭변조방식

펄스진폭변조방식(PAM : Pulse Amplitude Modulation)은 전송될 펄스의 진폭을 원래 신호에 대응하여 변화시키는 방식이다.

2) 펄스폭변조방식

펄스폭변조방식(PWM : Pulse Width Modulation)은 전송될 펄스의 폭만 원래 신호에 대응하여 변화시키는 방식이다.

3) 펄스위치변조방식

펄스위치변조방식(PPM : Pulse Position Modulation)은 전송될 펄스의 시간 위치만 원래 신호에 대응하여 변환되는 방식이다.

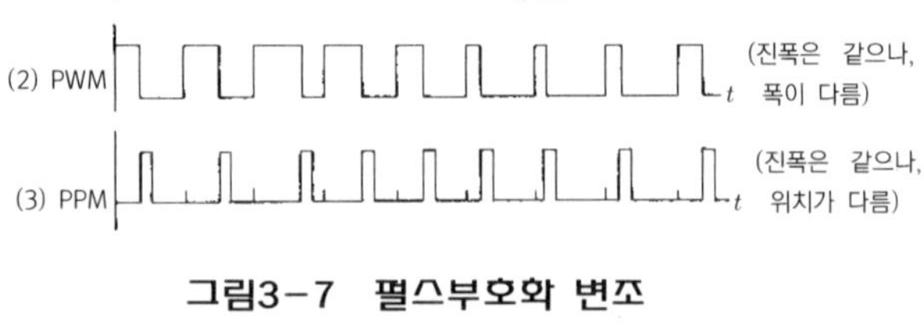

그림3-7 펄스부호화 변조

4) 펄스코드변조방식

펄스코드변조방식(PCM : Pulse Code Modulation)은 연속적인 아날로그 데이터를 단순한 디지털 신호인 펄스로 바꾸어 전송하고 다시 수신 측에서 원래의 아날로그 데이터를 복원하는 방식이다.

펄스코드변조방식의 순서를 살펴보면 다음과 같이 다섯단계로 나누어진다.

■ 표본화(sampling)

연속적으로 변하는 입력 신호의 진폭을 불연속적인 일정시간간격으로 나타내 정보를 추출해 내는 조작과정을 말하다. 그리고 원신호의 상한 주파수가 f_0일 때 표본화 주파수를 $2f_0$ 이상으로 하면 완전한 재생이 이루어진다는 것을 표본화정리라 한다.

■ 양자화(quantization)

아날로그양을 디지털양으로 변환시키기 위해 계단모향의 근사파로 만드는 과정으로 이때 표본치는 정수치가 되도록 반올림한다. 이때 오차가 발생하는데 이것이 PCM 특유의 양자화잡음이라 한다.

■ 부호화(Encoding)

양자화된 표본펄스의 진폭을 2진 디지털 신호로 바꾸는 과정이다.

■ 재생중계(regenerative repeating)

장거리 전송시 전송로에서 발생되는 누화, 잡음 등의 영향에 의해 디지털 신호가 심한 왜곡을 받는데 이를 다시 원래 상태로 재생, 증폭하여 다음 구간으로 전송하는 조작이다.

■ 복호화(decoding)

디지털 전송로로부터 수신한 펄스열에서 PAM신호를 복원하는 과정이다.

PCM방식은 정보가 디지털형태로 전송되어 오류와 감쇄, 왜곡이 적다. 전송로의 방해에 강하므로 저품질의 전송로 사용이 가능하고 재생중계기를 사용하기 때문에 다단중계전송에 의한 잡음이 누적되지 않아 우수한 성능을 갖고 있다.

또한, 디지털 소자, 디지털 신호기술의 발달로 다중화가 용이하고 경제적이다. 그러나 점유되는 주파수 대역이 넓어 무선 통신 등에는 사용상의 문제점이 있으나 광섬유케이블 등을 이용해서 극복할 수 있다.

방송통신위원회는 와이브로의 발전를 위해 무선인터넷 정액 요금, 결합 요금 확대 및 저가형 스마트폰 보급확산, 와이브로·와이파이 단말기 보급 촉진과 와이브로·WCDMA망 연계를 통한 데이터 요금 인하, 와이브로·WCDMA·와이파이 연계 서비스 제공을 통한 다양한 서비스 제공 유도(와이브로 기반의 모바일 인터넷전화, 모바일IPTV 제공 여건 조성), 와이브로 행정서비스 모델 발굴(스마트 그리드, m-텔레컨퍼런스, m-CCTV 등)등도 추진키로 했다.

변조 방식에는 어떤 종류가 있는가?

변조 방식은 반송파 신호에 따라 연속파 변조(CW: countinuous wave)와 펄스 변조로 분류할 수 있고, 정보 표현 방식에 따라 아날로그 변조와 디지털 변조로 분류할 수 있다.

- 변조방식
  - 반송파 신호에 의한 분류
    - 연속파 변조
    - 펄스파 변조
  - 정보표현방식에 의한 분류
    - 아날로그 변조
    - 디지털 변조

연속파 변조는 정보의 종류에 따라 아날로그 변조와 디지털 변조 방식이 있으며, 변조 된 파형은 밑에 그림과 같다.

- 연속파 변조
  - 아날로그
    - 진폭변조: AM, DSB, SSB, VSB
    - 각도변조: FM, PM
  - 디지털
    - 디지털 AM: ASK
    - 디지털 FM: FSK
    - 디지털 PM: PSK

펄스파 변조도 정보의 종류에 따라 아래와 같은 변조 방식들이 있으며, 변조된 파형은 밑에 그림과 같이 표현된다.

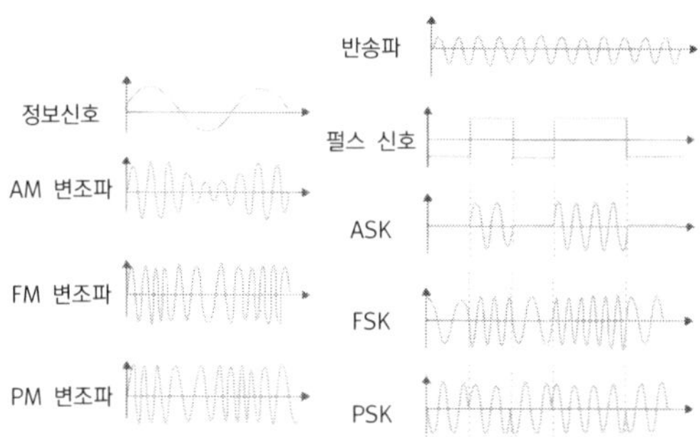

연속파에 의한 변조방식

- 펄스파 변조
  - 아날로그
    - 펄스 진폭 변조(PAM), 펄스 위상(또는 위치)
    - 펄스 폭 변조(PWM 또는 PDM)
  - 디지털
    - 펄스 부호 변조(PCM)

◈ 익힘문제 ◈

1. 디지털의 부호화 과정에 대하여 설명하여라.
2. 디지털의 원리와 전자기파의 펄스신호에 대하여 설명하여라.
3. 디지털의 신호 및 전송에서 아날로그변조와 디지털변조방식에 대해서 설명하여라.
4. 펄스변조 방식의 종류에 대하여 간단히 설명하여라.
5. 펄스코드변조방식(PCM)의 종류를 열거하고 간단히 설명하라.

4

유선 통신

목표

- ○ 통화에 이용되는 전화기의 구성요소 및 기능
- ○ 전화통신망의 기본 구성 및 교환기의 종류와 원리

4.1 유선통신 기기

4.1.1 용어의 정의

1) 전기통신

전기통신이란 유선·무선·광선 및 기타의 전자적 방식에 의하여 부호·문언·음향 또는 영상을 송신하거나 수신하는 것을 말한다.

2) 전기통신설비

전기통신설비란 전기통신을 하기 위한 기계·기구·선로 기타 전기통신에 필요한 설비를 말한다.

3) 전기통신회선설비

전기통신회선설비란 전기통신설비 중 전기통신을 행하기 위한 송·수신 장소간의 통신로 구성설비로서 전송·선로설비 및 이것과 일체로 설치되는 교환설비 및 이들의 부속설비를 말한다.

4) 교환설비

교환설비란 다수의 전기통신회선(이하 “회선”이라 한다)을 제어·접속하여 회선 상호간의 전기통신을 가능하게 하는 교환기와 그 부대설비를 말한다.

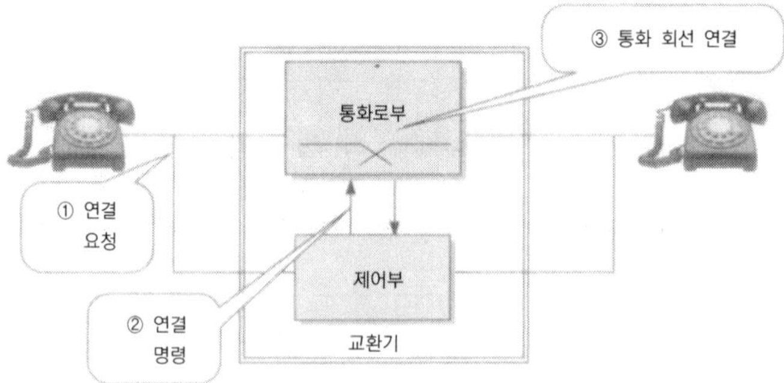

그림 4-1 전화와 교환기의 구성

5) 전송설비

전송설비란 교환설비·단말장치 등으로부터 수신 된 전기통신부호·문헌·음향 또는 영상(이하 "전기통신신호"라 한다)을 변환·재생 또는 증폭하여 유선 또는 무선으로 송신하거나 수신하는 설비로서 전송단국장치·중계장치·다중화장치·분배장치 등과 그 부대설비를 말한다.

4.1.2 전화는 어떻게 통화가 가능하나?

송화기에서 음성에 의해 두랄루민으로 만든 진동판이 진동하면, 그 진동에 의한 압력이 탄소 알갱이에 전달된다. 탄소 알갱이의 전기 저항은 압력에 의하여 변화하므로 회로를 흐르는 전류도 음성의 변화와 똑같이 변화하는데, 이 전류를 음성 전류라 한다.

이 음성 전류가 상대방의 수화기로 흐른다. 수화기는 영구 자석과 코일 및 진동판으로 구성되어 있다. 진동판은 항상 영구 자석에 의해 흡인되어 있으나, 코일에 음성 전류가 흐르면 그 전류의 변화에 따라서 자기력선이 변화하므로 진동판은 음성 전류에 맞추어 진동한다. 그 결과, 송화기에서 보내진 음성이 재생되는 것이다.

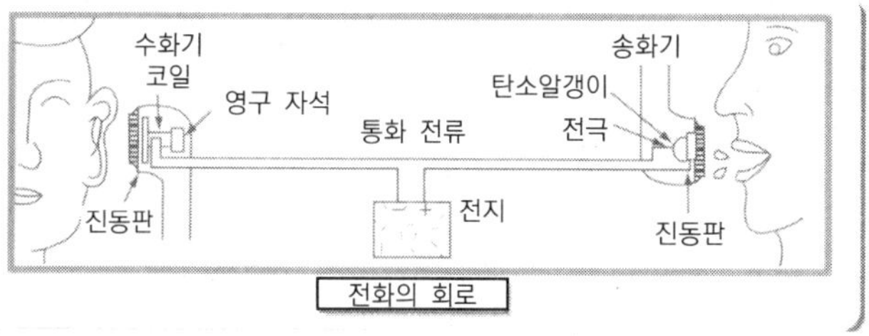

그림 4-2 전화통화 과정

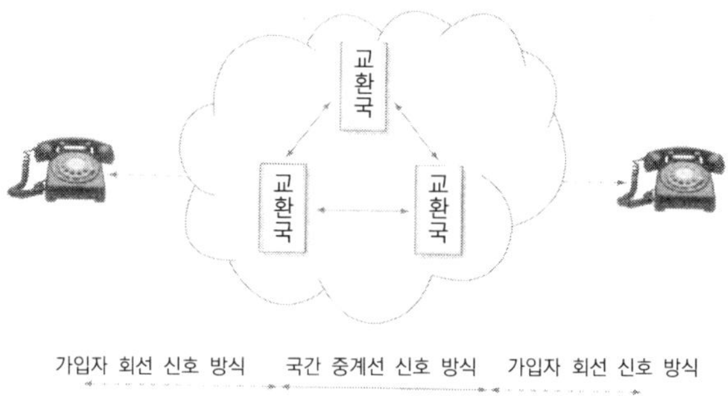

그림 4-3 신호 방식의 분류

4.1.3 전화기의 구성요소

전화기는 전화기의 기본 동작을 수행하는 송화기와 수화기, 신호 전류에 의해 종을 울리는 벨, 송·수화 회로의 분리 역할을 하는 유도 코일, 그리고 전화기의 동작 스위치 역할을 하는 훅 스위치(Hook Switch) 등을 기본으로 하여 구성되는데, 교환 방식에 따라 자석식 전화기에는 자석 발진기, 자동식 전화기에는 다이얼, 전자식 전화기는 푸시 버튼(Push Button) 다이얼 등이 추가로 구성되어 있다.

또, 전화기는 겉으로 보기에는 간단하고 작은 장치에 불과한 것이지만, 이것은 통신의 주작용인 송신 작용과 수신 작용을 담당하는 중요한 장치로, 교환기에 2선으로 연결되어 가입자와 광범위한 전화망을 정합시키며, 가입자에게 전화망을 통한 다양한 서비스를 제공하고 다른 가입자와 통화를 가능하게 한다.

1) 송화기

송화기(Transmitter)는 인간의 음성 세력을 전기적인 신호 세력으로 변환하는 장치로서, 최초의 전화는 영구 자석의 자속 변화로 코일에 음 신호를 유도하게 하는 전자형(Electromagnetic Type) 송화기에 의한 것이었다. 그 후 콘덴서를 이용한 정전형과 저항의 변화에 의한 가변 저항형이 고안되었으며, 근래까지 탄소에 의한 가변 저항형이 널리 사용되어 왔으나, 최근에는 압전형과 일렉트리트(Electret) 마이크로폰 등이 사용되고 있다. 탄소형 송화기의 구조는 4-4과 같다.

2) 수화기

수화기(Receiver)는 송화기로부터 변환되어 전송된 전기적인 신호를 받아 다시 음성과 같은 음파로 재변환하는 장치이다. 이와 같은 수화기의 작용은 음성과 같은 주파수의 음파로 재현시키는 것이므로 그 특성은 매우 중요하다.

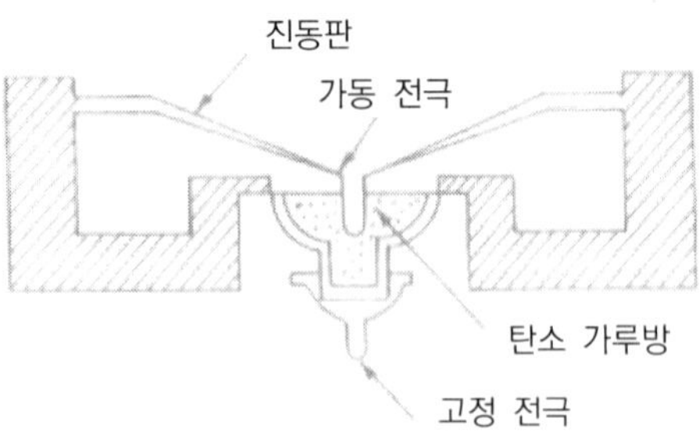

그림 4-4 탄소형 송화기의 구조

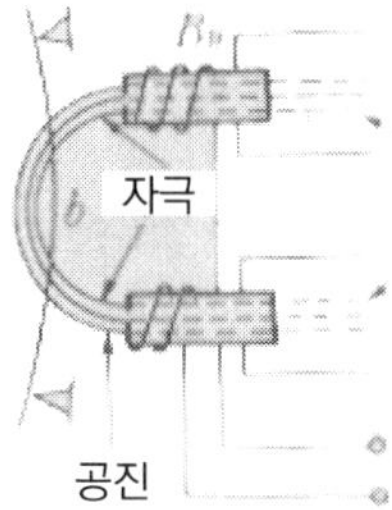

그림 4-5 자석형 수화기의 원리

전화기에 사용되는 수화기는 진동판의 질에 따라 두 가지로 구분할 수 있는데, 하나는 진동판을 자성체로 하는 자석형 수화기이고, 다른 하나는 진동판을 비자성체로 하는 로킹 아마추어(Roking Amature)형 수화기이다.

자석형 수화기는 그림 4-5와 같이 영구 자석의 끝에 음성 전류에 의한 전자석을 연장한 것으로, 음성 전류의 변화에 의한 가변 자속으로서 자속을 변화시키는 것이다. 이 때, 영구 자석을 사용하는 이유는 수화기 진동판의 자유 진동을 막고, 전송된 원음을 충실히 재생시키기 위해서이다.

3) 다이얼

착신 가입자의 번호를 교환기에 알려 주는 장치로 회전식(Rotary)과 푸시 버튼(Push Button)식이 있다.

회전식 다이얼(Rotary Dial Type)은 전화기의 송화기에 통화용 전지로 공급되는 DC-48 V 전원에 의한 전류의 흐름을 단속하는 간단한 신호 방식으로, 전화기 발명 초기부터 사용해 왔다. 다이얼을 돌리면 숫자에 해당하는 수의 임펄스를 송출하는 방식에 의해 선택 신호를 표현하는 것이다.

자동식 전화기에는 자동 전화기의 선택 신호인 수열 임펄스를 만드는 다이얼이 사용된다. 다이얼은 0~9까지의 수열 임펄스를 발생하는 장치로서, 임펄스의 규격으로 임펄스의 속도, 임펄스의 단속비, 그리고 숫자간의 구분을 위한 최소 간격의 휴지 시간인 미니멈 포즈(Minimum Pause)가 규정되어 있다.

다이얼의 임펄스의 송출 속도는 일반적으로 10 PPS(임펄스/초)이며, 임펄스의 단(Break), 속(Make)의 비는 2 : 1이다. 또 미니멈 포즈는 보통 650[ms]이다. 그림 4-6은 다이얼 임펄스의 구성 예를 나타낸 것이다.

회전식 다이얼에서의 임펄스 속도, 단속비, 미니멈 포즈값들은 기계식 교환기에서 임펄스를 접수, 처리하는데 필요한 각 계전기들의 동작과 복구 특성을 고려한다.

한편, 전자 교환기는 스위칭 속도가 매우 빠르기 때문에 가입자의 다이얼링도 더욱 빠르고 정확한 것이 요구되는데, 이 목적으로 개발된 것이 푸시 버튼식 다이얼이다. 이 전화기는 회로의 다이얼 부분만 새로 개발한 것으로, 다이얼을 돌리는 대신 선택 번호에 해당하는 푸시버튼을 누르면 LC발진기 또는 IC발진을 이용하여 만들어진 7개의 주파수 중에서 2개의 톤(tone) 주파수가 발생되어 송출되며, 국내는 물론 국제적으로도 전송이 가능한 방식이다.

다양한 특수 서비스를 위해 부가된 *, #를 포함한 각 숫자의 주파수는 고군 주파수와 저군 주파수로 나누어진다.

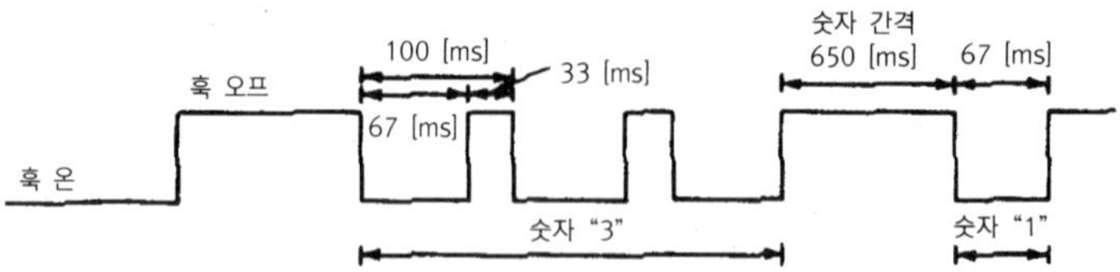

그림 4-6 다이얼 임펄스의 구성 예

4) 신호 장치

착신호가 연결되면 교환기에서 송출되는 직류 전압에 중첩된 20 ㎐ 교류 신호에 의해 종이 울려 착신자에게 알려 준다.

그림 4-7은 신호 장치로 사용되는 자석 벨의 원리를 나타낸 것이다. 이 신호 장치(ringer)는 20 ㎐ 교류신호에 의해 매초 40회의 비율로 종을 울린다. 이 교류 신호를 교환기에서 송출되는 호출신호라 한다.

이 호출 신호는 교류 호출 전류에 -48 V 직류 전압을 중첩시켜 사용한다. 최근의 전화기에는 기존의 자석 벨 대신 다양한 음색을 가지는 톤 링거(Tone Ringer)IC 칩이 많이 사용되고 있다.

이외의 전화기 구성으로는 가입자의 발신 의사 및 종료 의사를 직류 루프(DC loop)로 검출되는 훅 스위치(Hook Switch)와, 송신기 신호를 분리하고 측음 방지 회로를 구성하는 유도 코일(Induction) 등이 있다.

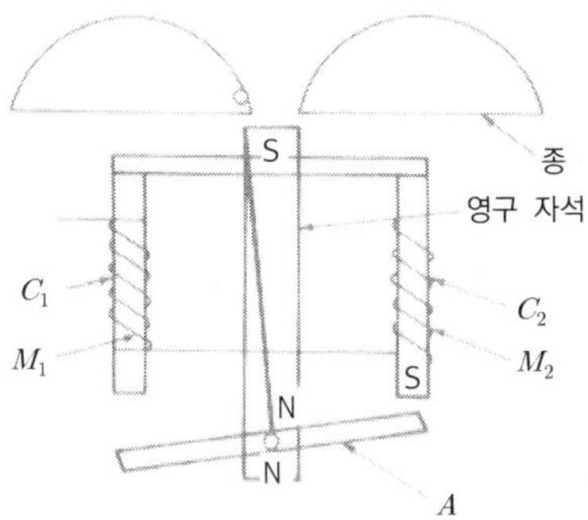

그림 4-7 자석 벨의 동작 원리

재미있는 정보통신

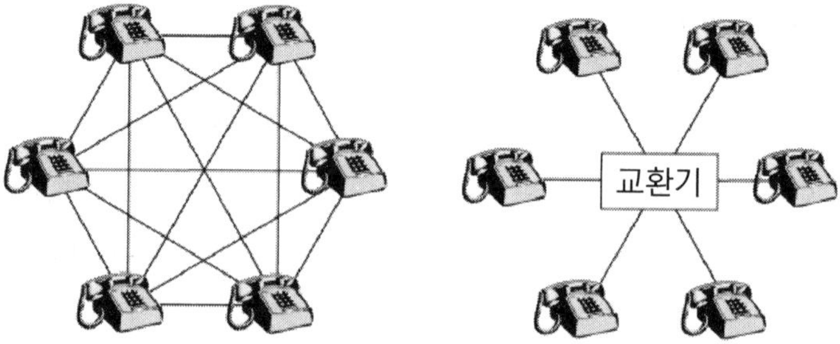

(a) 직접 연결 (b) 교환기에 연결

그림 4-8 교환기의 필요성

4.2 교환설비

4.2.1 교환기의 역할

통신은 멀리 떨어져 있는 여러 사람이나 기계 장치 중에서 원하는 대상을 선택, 접속하여 정보를 전달하는 것을 목적으로 한다. 대상을 선택하여 접속하는 기능을 신속, 정확하고 경제적으로 실현하기 위해서 교환기가 필요하다. 다시 말해서, 정보를 먼 곳에 전달하는 기술과 함께 전달하고 싶은 상대를 선택하여 접속해 주는 기술이 요구된다.

만약, 전화 교환기가 없다면 모든 전화는 직통으로 연결되어야 하는데, 전송 회선 건설에 막대한 비용이 소요되므로 경제적으로 통신을 할 수가 없게 된다. 예를 들어 밑에 그림에서 보는 바와 같이 여섯 가입자를 교환기 없이 직접 연결하려면 15개의 회선이 필요하게 되지만, 교환기를 설치하면 전송회선이 6개로 감소된다.

4.2.2 통신 시설

통신을 위해서 어떤 시설이 요구되는지 알아보자. 특히, 통신 시스템 중에서 우리와 가장 밀접하고 가장 대표적인 전화 통신 시설의 구성에 대해 살펴보자.

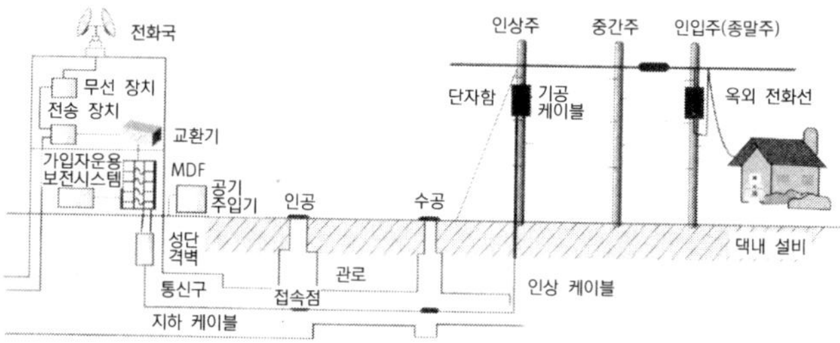

그림 4-9 통신 시설의 구성도

전화국에서 가입자까지의 대략적인 통신 시설의 구성은 그림 4-9와 같다.

전화 통신 시설에서 사용되는 각 요소와 기능을 살펴보면 다음과 같다.

1) 교환기

전화국의 중심이 되는 시설로서, 요구 되는 통신 선로끼리 연결해 주는 역할을 하는 시스템이다.

2) 전송장치

두 지점 간의 통신 신호를 전달해 주는 장치로서, 유선이나 무선으로 통신 신호를 전송한다. 무선 전송인 경우에는 신호의 변조 및 증폭 기능을 가진 무선 장치를 통해 안테나로 전송된다.

3) 가입자 운용 보전 시스템

전화국에 신규 전화의 설치나 가입자 선로 등의 고장 수리를 집중화하여 관리하는 시스템이다.

4) 케이블

전화국과 가입자 댁내를 연결해 주는 통신 선로로서, 통신구나 관로를 통하여 지하로 설치되거나 전신주를 이용해서 가공으로 설치되기도 한다.

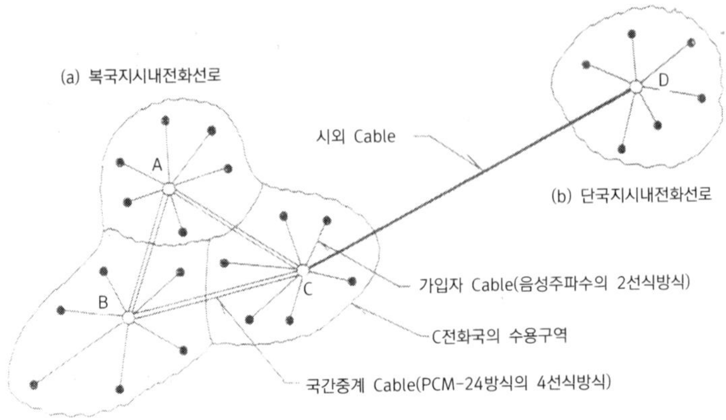

그림 4-10 시내 Cable 선로 구성

5) 분배 선반(MDF : Main Distribution Frame)

교환기와 케이블을 연결 해 주는 장치로서, 모든 가입자 선로를 배열하여 정리한 선반이다.

6) 성단 격벽

전화국 내로 들어오는 케이블에 습기를 방지하기 위해 젤리형의 재료를 사용하여 케이블 내에 공기를 가두기 위해 설치한다.

7) 공기 주입기

케이블의 고장을 조기에 발견하고 예방하기 위해 건조한 공기를 만들어서 케이블에 주입하기 위한 장치이다.

8) 통신구

전화국 내 및 주로 도시 내 대량의 통신 케이블 설치를 위해 전화국 상호간 또는 국내 통신구와 관로 사이에 사람이 충분히 다닐 수 있을 정도의 크기로 만들어진 지하 구조물과 관로와 관로 사이에 설치한 10 m이상의 지하도를 말한다.

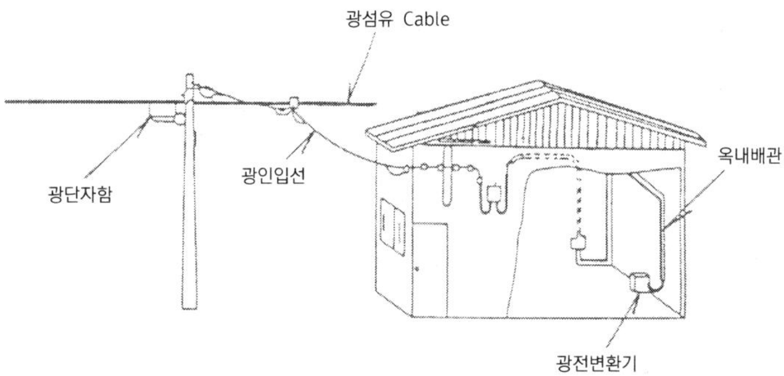

그림 4-11 일반 가정집의 전화가설

9) **관로**

지하 케이블을 넣어 안전하게 보호하기 위해 지하에 설치한 PVC관 또는 시멘트관의 구조물이다. 관의 종류에는 50 mm관, 80 mm관, 100 mm관이 있다.

10) **접속점**

케이블을 연결하는 지점이다.

11) **인공**(manhole : **맨홀**)

통신 케이블의 포설, 접속 작업, 중계기, 관로 및 케이블의 점검 등을 목적으로 사람이 그 안에 들어가서 작업할 수 있도록 만든 지하 공간 구조물이다.

12) **수공**(handhole : **핸드홀**)

소규모의 지하 케이블을 설치하거나 철거하는 작업과 접속점을 연결하여 보호하기 위해, 지하에 설치된 인공보다는 작은 크기의 지하 공간 구조물이다.

13) **인상 케이블**

지하 케이블에서 가공 케이블로 끌어 올리는 케이블이다.

14) 가공 케이블

전주 위에 가설하는 케이블이다.

15) 전주

케이블을 가입자까지 연결하고 지지하기 위한 자재로서, 보통 통신용 전주는 7 m를 사용한다. 통신용 전주로는 사용 방법에 따라 인상주, 중간주, 인입주(종말주) 등이 있다.

16) 단자함

케이블과 인입선을 연결하는 전주 위의 함체이다.

17) 인입선

전주 위의 케이블에서 댁내로 들어가는 옥외 전화 회선이다.

18) 댁내 설비

전화 이용자의 댁내에 설치하는 모든 설비를 말한다.

4.2.3 교환 기술

음성 정보를 교환하기 위한 교환 기술은 아날로그 교환기에서 기계식 교환기, 아날로그 교환기, 디지털 교환기로 발전되어 왔으며, 데이터 정보의 교환을 위해서는 패킷 교환기, 프레임 릴레이 교환기가 개발되었다. 음성과 데이터 서비스의 동시 제공을 위해 협대역 ISDN 교환기가 출현되었고, 광대역 서비스를 위해 ATM 교환기 등으로 기술 발전을 거듭해 왔다.

패킷 교환 기술은 1990년대부터 빠른 패킷(fast packet) 기술이 본격 개발되었다. 대표적인 고속 패킷 교환 기술은 프레임 릴레이(frame relay, FR) 교환 기술과 IP 기술 및 ATM 기술을 들 수 있다. 동일한 통신망을 통하여 회선 교환 서비스와 패킷 교환 서비스를 종합하여 제공할 목적으로 ISDN 교환기가 탄생하게 되었다. ISDN 교환기로부터 64 kbps의 음성 서비스뿐만 아니라 16 kbps

및 64 kbps의 패킷 서비스를 제공할 수 없기 때문에 새로이 ATM 교환기가 탄생되었다.

ATM은 일정 길이의 셀로 데이터를 분할하여 교환 처리하는 고속 패킷 교환 방식의 일종이다. ATM 기술이 최근에는 LAN보다 주로 WAN 혹은 공중망의 망 구축에 활용되고 있다.

ATM 기술의 가장 큰 장점은 대량의 데이터 서비스를 초고속으로 제공할 수 있는 교환 기술로서 패킷 통신 기술의 진화된 형태이다.

4.2.4 디지털 교환기

1) 디지털 교환기의 특징

디지털 교환기는 전자 교환 기술의 발달에 의해 교환기의 제어부가 컴퓨터의 내부에 축적된 프래그램으로 구성되고, 또 통화부로 완전 디지털화 되었다고 학습하였다.

결국, 아날로그 교환기와 디지털 교환기의 기본적인 차이점은 통화 회선의 특성이 있다고 볼 수 있다.

- 아날로그 교환기의 통화 회선
  실제로 연속성을 가진 물리적 도체로 구성
- 디지털 교환기의 통화 회선
  물리적인 연속성을 가지지 않고, 일정 주기마다 짧은 시간동안만 유지되는 가상 회선으로 구성

아날로그 교환기는 통화 회선이 구성되어 있는 동안에 발신자와 착신자 사이의 물리적 연결이 계속 유지된다. 그러나 디지털 교환기는 동작 속도가 빠른 반도체 스위치 소자의 등장으로 1초에 수백만 이상의 속도로 연결을 구성 시키므로 동일한 경로를 통해 많은 통화 회선을 구성할 수 있다.

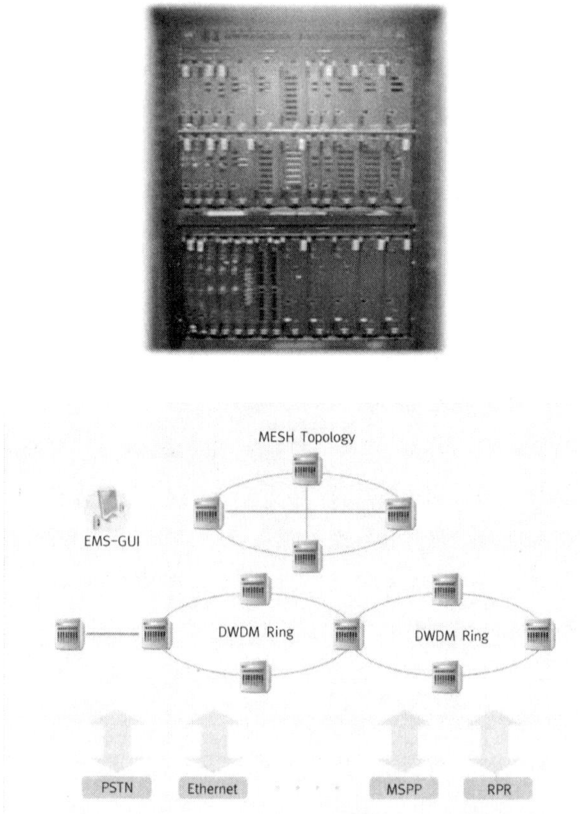

그림 4-12 디지털 교환기와 통신망

■ 디지털 교환

디지털 신호를 아날로그 신호로 변환시키지 않고, 시분할 다중화 방식(time division multiplexing)과 디지털 메모리 소자를 이용해서 교환하는 방식이다.

2) 디지털 교환의 원리

다음은 타임 슬롯 할당 순서의 변경에 의한 교환 개념의 설명이다.

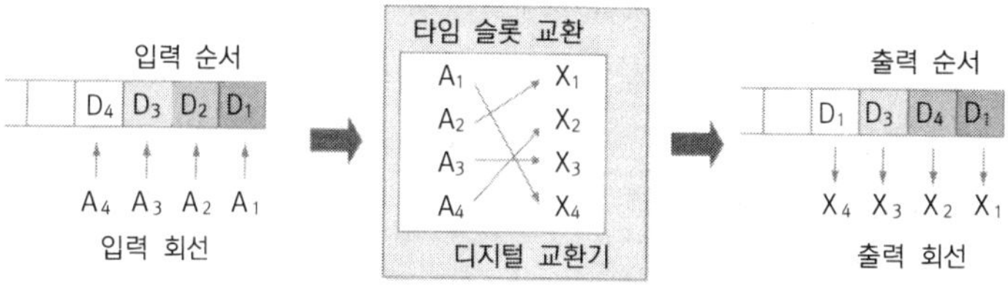

그림 4-13 디지털 교환기에서의 타임 슬롯 교환

그림 4-13과 같은 디지털 교환기에서 입력 회선은 A_1, A_2, A_3 및 A_4 등의 4개 채널이 다중화되어 있고, 출력 회선은 X_1, X_2, X_3 및 X_4 등의 4개 채널이 다중화되어 있다.

만약, 디지털 교환기 내부에서 타임 슬롯 교환이 이루어져 D_1, D_2, D_3, D_4의 순서가 D_2, D_4, D_3, D_1의 순서로 변경되면 입력 회선과 출력 회선 사이에서 다음과 같은 채널 간의 교환이 이루어진다.

$$A_1 \rightarrow X_4,\ A_2 \rightarrow X_1,\ A_3 \rightarrow X_3,\ A_4 \rightarrow X_2$$

이와 같이 타임 슬롯 간의 정보 교환을 시분할 교환(time division switching)이라고 하며, 이것은 타임 슬롯 교환에 의해 이루어진다. 타임 슬롯의 교환은 디지털 교환기 내에 버퍼 메모리와 같은 임시 저장 장치를 사용하여 입력되는 순서(D_1, D_2, D_3, D_4)와 출력되는 순서(D_2, D_4, D_3, D_1)를 다르게 변경함으로써 원하는 시간 교환이 가능하게 된다.

한편, 통신 시스템 내에는 많은 수의 전송 회선이나 장치가 포함되어 있으며, 이상의 예에서와 같이 동일한 물리적 회선 내에서의 채널 간 교환이 아니라 다른 장치에 속한 채널 상호간에 교환이 필요한 경우가 있다. 이 장치들은 물리적으로 분리되어 있기 때문에 순간적으로 상호 연결시켜 주는 기능이 필요하다. 이러한 기능을 공간 분할 교환(space division switching)이라 한다.

분리된 장치 사이에서 물리적인 연결 기능을 제공해 주는 공간 분할 교환은 행렬 형태의 스위치(matrix switch)에 의해 이루어진다.

일반적으로 디지털 교환기는 시분할 교환과 공간 분할 교환 기능을 모두 가지고 있다.

◈ 익힘문제 ◈

1. 전신의 원리와 음향전신부호에 대하여 상세히 설명하여라.
2. 가입전신에 대하여 간략히 설명하고 장점을 기술하여라.
3. 전자 교환기의 스위칭 속도가 매우 빠르기 때문에 가입자의 다이얼링이 더욱 빠르고 정확한 것이 요구되는데 이 목적으로 개발된 것은 무엇인가?
4. 중계교환기를 사용하여 나타나는 장점을 설명하여라.
5. 디지털 교환기의 원리와 특징을 설명하여라.

국내 통신망 간 상호 접속 현황

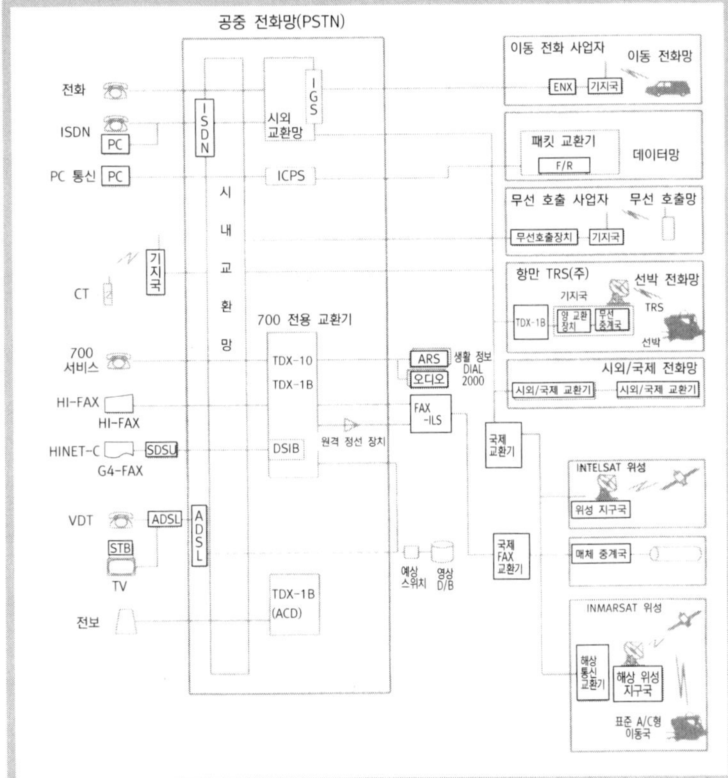

5

광통신

목표

- 광통신의 원리와 시스템 구성요소
- 광섬유의 구조와 광통신의 각종 시스템

5.1 빛을 통신에 어떻게 이용하는 것인가?

5.1.1 광통신의 이용에 관한 형태

광은 우리와 항상 함께 있어 왔다. 광을 이용한 통신방법은 인류가 처음으로 수신호를 이용한 통신을 하던, 통신발달사 중 매우 이른 시기에 시작되었는데 이것도 분명 광통신의 형태이므로 어둠 속에서는 불가능하다.

1880년 알렉산더 그라함 벨(Alexander Graham Bell)은 광통신 시스템, 즉 광전화(photophone)를 발명했다. 여기서는 통화를 하기 위해 음성변조된 얇은 반사경에서 반사되는 태양광선을 이용하는데 변조된 태양광선이 광도체 세레늄전지 표면에 입사할 때 수신기에서는 메시지를 다시 전류로 변환시킨다. 전화수신기가 이 시스템을 완성시켰다. 광전화는 잘 동작하였으나 상업적으로는 성공하지 못했다.

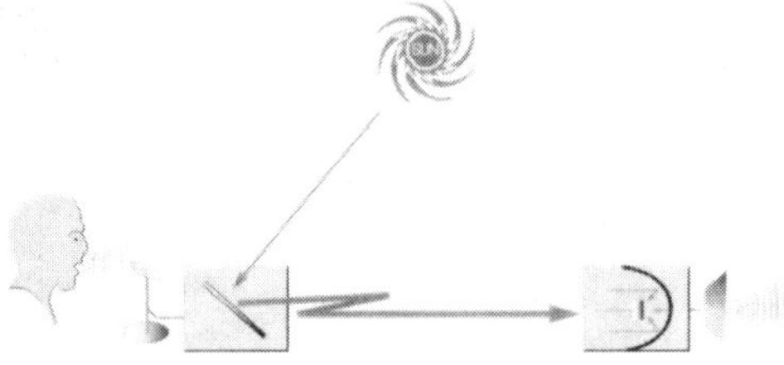

그림 5-1 광전화의 형태

램프의 출현으로 새로운 단순 광통신시스템이 생겨났다. 예를 들면 깜빡이는 불빛을 이용한 선박간의 교신, 선박 해안간의 교신. 자동차의 회전신호 깜박이 그리고 교통신호 등을 들 수 있다. 사실상 지시 등의 모든 형태는 기본적으로 광통신시스템이다.

지금까지 언급한 모든 시스템들은 정보수용량이 적었으나 1960년 레이저를 발명함으로써 대용량 광통신을 이끌고 갈 커다란 전환이 일어났다. 이 레이저는 정보의 전달자로서 적합한 광파장을 갖는 협대역 광원의 역할을 하는데 보통 전자통신에 쓰이는 무선주파수원(Frequency Sources)과 비교된다.

5.1.2 광통신의 원리

광통신은 플라스틱이나 유리로 만들어진 머리카락처럼 가는 섬유를 통해 빛을 전송하는 통신기술이다. 전송하고자 하는 정보는 과거의 구리선을 이용하는 통신처럼 전기적 형태가 아니고 빛의 형태로써 섬유를 통하여 전송되는 것이다. 따라서 전송되고자 하는 정보가 전기적인 형태를 취하고 있으면 이를 빛으 형태로 바꾸어 주어야 하며 빛의 형태로 전송된 정보는 수신측에서 다시 본래의 전기적인 형태로 만들어져 필요한 통신장비로 보내져야 한다. 그림 5-2는 광통신의 기본 원리를 설명하였다.

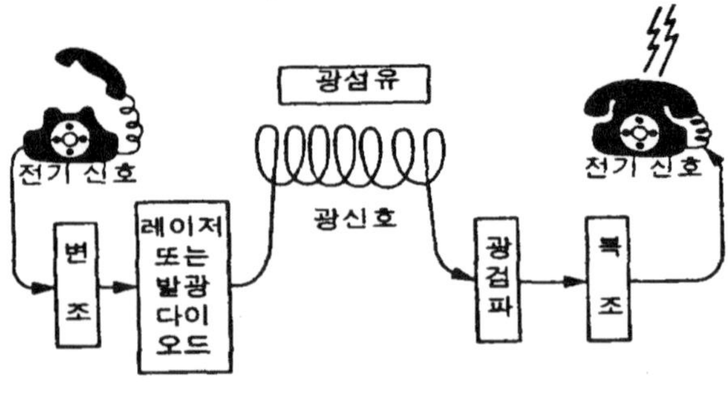

그림 5-2 광통신의 기본 원리

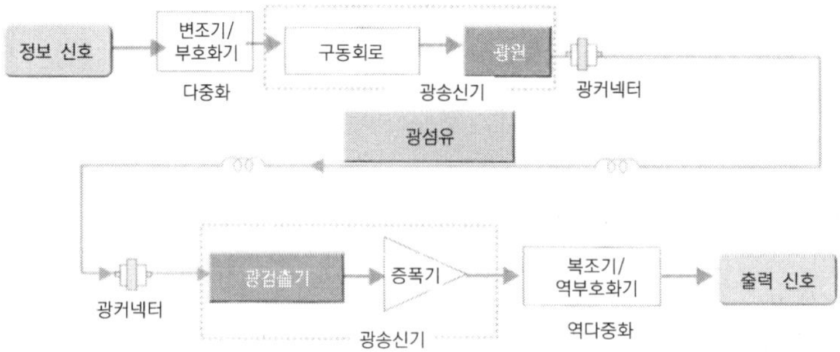

그림 5-3 광통신 시스템

광통신(Optical Fiber Communication)은 일반적인 전자파 대신 광파(Light Wave)를 이용해 정보를 전달하는 통신의 한 분야이다.

또, 광섬유(Optical Fiber)를 이용한 광통신 시스템의 구성 요소는 크게 그림 5-3과 같이 광원(light source), 광섬유, 광검출기(Phoyodetector)의 세 부분으로 구성된다. 광원으로는 발광 다이오드(LED: Light Emmitting Diode)와 레이저 다이오드(LD: laser Diode)가 이용된다. 이 중 장거리의 광대역 전송을 위해서는 발광 다이오드보다 레이저 다이오드가 주로 이용되는데, 그 이유는 방출 광의 직진성과 정연성(coherent)이 좋기 때문이다.

현재, 광통신에 이용되고 있는 레이저 광은 가시광선에 가까운 적외선이 대부분이다. 가시광선이나 적외선도 전자파이지만 기술적인 취급방법이나 성질이 다르다.

광통신의 전송 선로로서 광섬유 케이블(Optical Fiber Cable)이 사용되는데, 이의 재료는 주로 순수한 유리로 되어 있어 비교적 저손실이며, 외부로부터 잡음의 영향을 받지 않아 양질의 통신을 할 수 있다.

광통신 시스템의 수신단에서는 전달되어 온 신호를 광 반송파(Optical Carrier)로부터 추출해야 하는데, 전자 시스템에서는 이러한 역할을 적절한 전자 회로를 통해 수행하는데 반해, 광통신 시스템의 경우는 여러 가지 다양한 설계 방법에 따르는 반도체 소자를 주로 이용하고 있다.

5.1.3 광통신 시스템의 구성

1) 광통신 시스템의 구성 요소

광통신 시스템의 구성은 그림 5-4와 같다. 전기 통신 시스템과 다른 점은, 전기 신호 대신 광신호를 변조하여 전송하기 때문에 전기 신호를 광신호로 변환하는 광송신기와 다시 전기 신호로 변환하는 광수신기, 그리고 전송 매체로서 광섬유가 전기 통신 시스템의 송신기 및 수신기에 해당되는 변조기 및 복조기 사이에 들어 있다는 점이다.

변조기/부호화기는 정보 신호를 아날로그 통신이나 디지털 통신 방식으로 전송할 때에 신호를 변조하거나 부호화하는 기능을 수행한다. 일반적으로, 광통신 시스템은 광대역 특성을 갖고 있으므로 한 가닥의 광섬유를 통하여 많은 채널의 정보를 동시에 보낼 수 있기 때문에 신호를 다중화하여 광송신기에 입력된다.

광통신 시스템에서 전송 매체는 광섬유를 사용하는데, 전송 매체의 특성에 적합하게 광신호를 변조하고 복조하게 된다. 따라서, 전송 매체인 광섬유의 광전파 원리 및 특성을 먼저 알아보고, 이

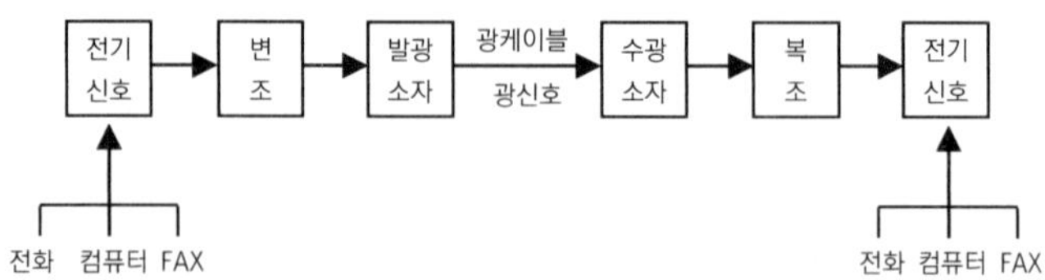

그림 5-4 광통신시스템의 구성도

에 적합한 광변조를 위한 광송신기와 광복조를위한 광수신기의 구성 및 동작 원리를 알아보자.

2) 광섬유

■ 광섬유의 구조

광섬유는 광을 장거리에 전파시킬 수 있는 매우 투명한 재료로 실처럼 가늘게 만들어져 있으며, 그 구조는 그림 5-5와 같다. 여러 층의 원통형 구조로 되어 있는데, 코어(core)라고 부르는 중심부로 광이 전파되고, 이를 둘러싼 클래드(clad)는 광이 밖으로 빠져 나가지 않도록 해주는 역할을 한다. 광을 코어 내에서 전파하도록 하기 위해서 코어의 굴절률이 클래드의 굴절률보다 높게 만들어져 있다.

코팅(coating)은 코어 및 클래드를 습기 및 외부 충격으로부터 보호하며, 광섬유의 전파 특성을 안정되게 하고 잘 부러지지 않도록 한다.

광섬유의 크기는 종류에 따라 다르나, 빛이 통과하는 코어의 지름이 대략 8~50 μm, 클래드의 지름이 125~140 μm가 된다. 코팅이 된 광섬유의 전체 지름은 종류에 따라 250~290 μm 정도가 된다.

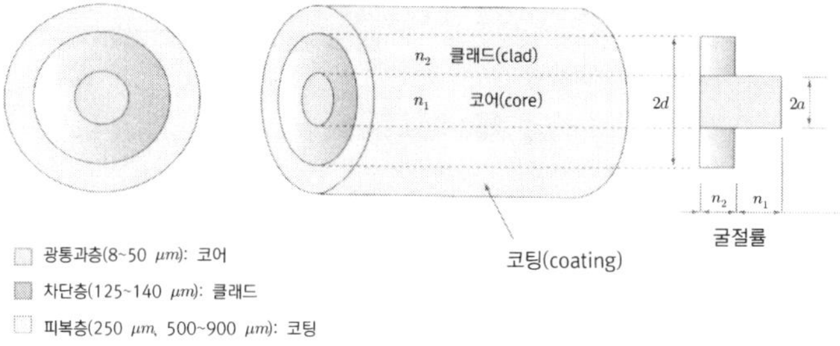

그림 5-5 광섬유의 구조

광의 전파 원리

굴절률이 다른 두 매질에서 광은 스넬의 법칙에 따라 굴절률이 큰 매질로부터 굴절률이 작은 매질로 빛이 입사되면 입사각에 따라 그림 5-6과 같이 진행하게 된다. D와 같은 경우가 되면 굴절광은 없어지는데, 이때의 입사각을 임계각 θ_c라 한다. 따라서 θ_c보다 더 큰 각도로 입사한 광선은 모두 반사된다. 이렇게 입사광이 경계면으로 모두 반사되는 현상을 전반사라고 한다. 전반사 현상은 굴절률이 큰 매질로부터 굴절률이 작은 매질로 빛이 입사 될 경우에만 발생한다.

광섬유는 이러한 전반사 현상을 이용한 것이다. 광원으로부터 코어로 입사된 광신호는 그림 5-6과 같이 클래드와의 경계면에서 계속적으로 전반사되면서 광섬유를 통하여 광신호가 전달된다.

광섬유에 광이 입사되는 각도에 따라 그림 5-7과 같이 전파되는 형태가 다양하게 된다. 이 각각이 전파되는 형태를 전파 모드

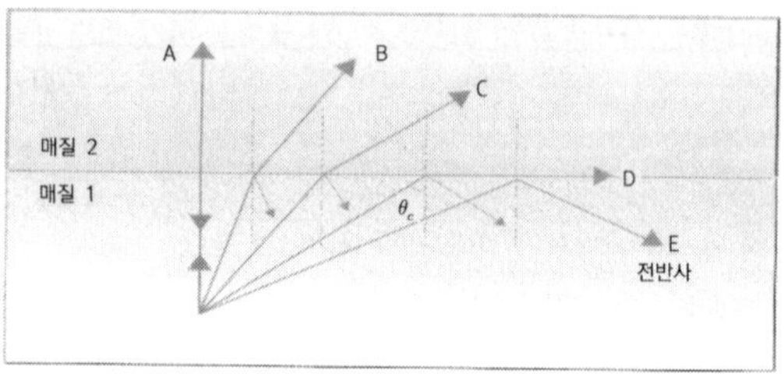

그림 5-6 전반사 현상

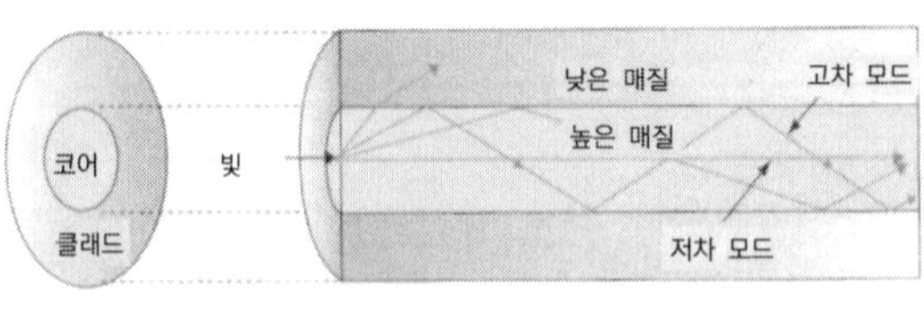

그림 5-7 광섬유에서 광전파 현상

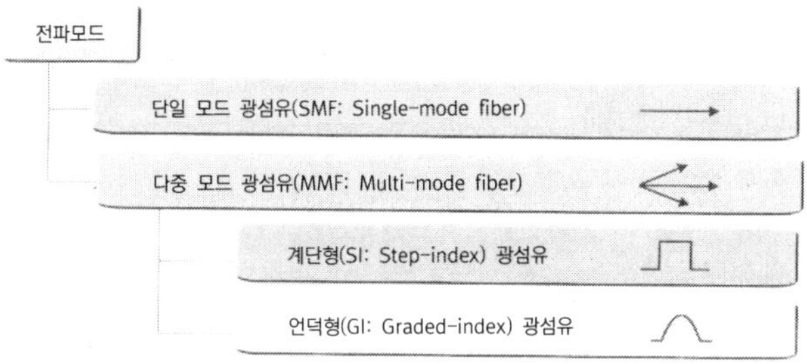

그림 5-8 전파 모드에 따른 광섬유의 종류

라고 하는데, 입사각이 광섬유의 중심축에 가까운 파를 저차(low-order) 모드라 하고, 지그재그가 자주 일어나는 파를 고차(high-order) 모드라고 한다. 저차 모드는 안정되게 전파되나, 고차 모드는 광섬유의 구부러짐과 같은 변화에 대해 클래드로 빠져나가기 쉽다.

■ 광섬유의 종류

광섬유에서 광이 전파되는 모드 수에 따라 광섬유를 분류하면 그림 5-8과 같이 크게 단일 모드와 다중 모드 광섬유가 있다. 다중 모드 광섬유는 코어의 굴절률 분포의 모양에 따라 다시 계단형 광섬유와 언덕형 광섬유로 분류된다.

5.1.4 각종 광통신 시스템

1) 아날로그 광통신 시스템

아날로그 광통신 시스템은 텔레비전 방송 신호와 같이 대역폭이 넓은 신호의 전송 분야에서 일부 사용되었다. 디지털 통신 기술의 급속한 발달로 인하여 모든 통신 방식이 아날로그 신호를 디지털 신호로 변환하여 전송하는 추세에 있어서 아날로그 광통신 시스템도 점차 사라져 가고 있다.

아날로그 신호는 특히 왜곡이나 잡음에 약하므로 광통신 시스템이 선형으로 동작해야 하고 내부 잡음이 적어야 한다. 아날로 광통신 시스템의 구성은 그림 5-9와 같다.

2) 디지털 광통신 시스템

디지털 통신 방식은 아날로그 신호를 1과 0의 펄스로 부호화하고 이를 광신호로 변환한 후 광섬유로 전송하며, 수신측에서 다시 원래 신호로 변환하는 방식을 말한다. 디지털 광통신 시스템의 구성은 그림 5-10과 같은데, 아날로그 시스템과 달리 전송 중에 감쇠되고 왜곡된 디지털 신호를 수신측에서 신호재생기를 통하여 원래의 디지털 신호로 재생하게 된다.

디지털 광통신 시스템은 전화망, 컴퓨터망, 텔레비전 방송 및 케이블 TV망, 해저 통신망 등 신호전송을 필요로 하는 모든 통신망에 사용되고 있다.

디지털 통신 방식은 각 단위 PCM신호(64 kbps)를 다중화하여 전송하게 된다. 특히, 광통신 시스템은 전송 대역폭이 넓기 때문에 많은 채널의 신호를 다중화하여 전송할 수 있다.

그림 5-9 아날로그 광통신 시스템의 구성도

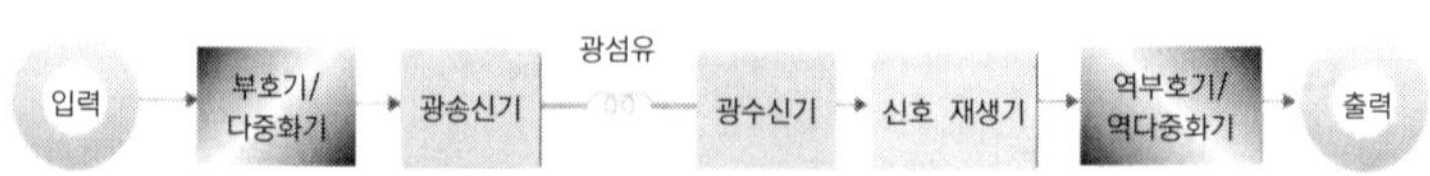

그림 5-10 디지털 광통신 시스템의 구성도

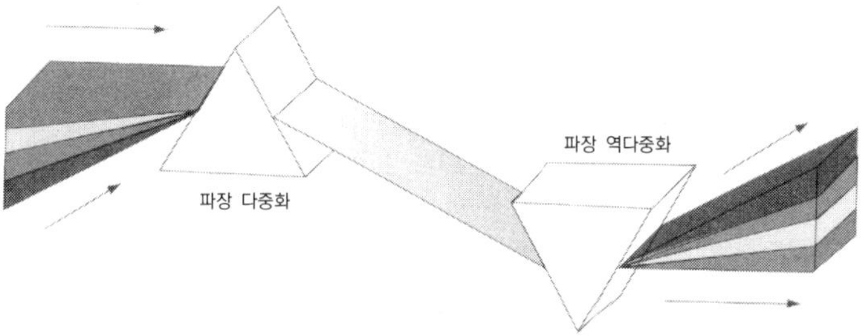

그림 5-11 파장 분할 다중화 방식의 원리

3) 파장 분할 다중화 방식

파장 분할 다중화 방식(WDM: Wavelength Division Multiplex)의 원리는 그림 5-11과 같이 각각 다른 파장의 광을 하나로 묶어 하나의 광섬유를 통하여 전송한 다음, 다시 파장별로 분리하여 전송하는 다중화 방식이다. 각 파장의 신호에 다른 정보들을 실어서 보낼 수 있으므로 기존의 광통신 방식에 비해 다중화 된 파장의 수만큼 정보의 양을 증가시켜 보낼 수 있다.

4) 광 가입자 망

가입자망은 전화국과 가입자 사이를 연결하는 망을 말하는데, 주로 동선 선로가 사용되어 왔다. 최근 인터넷 등의 급속한 발달로 가입자망의 고속화 필요성이 날로 증대되고 있어 기존의 동선 선로만으로는 광대역 통신이 불가능하기 때문에 광통신 방식을 도입하여 가입자망을 구성하게 되었는데, 이를 광 가입자망이라 부른다.

5.1.5 광케이블 설치

1) 광케이블의 포설

광케이블은 광섬유를 외부의 힘이나 충격, 습기, 화학 물질 등으로부터 보호하기 위하여 케이블로 만든 것이다. 그러므로 광케이블은 그림 5-12과 같이 사용 용도에 따라 케이블의 구조와 사용되는 재료들이 달라진다. 관로용은 시내·외 전송용으로 지하 관로에 설치한다. 가공용은 전신주에 설치하기 때문에 별도의 철심으로 보강하였고, 해저 케이블용은 해저에서의 물기 침투 방지, 외력에 의한 절단 등을 방지하기 위하여 폴리우레탄 및 강철선을 2~3중으로 보강하였다.

광케이블을 현장에 설치하는 것을 광케이블 포설이라고 한다. 광케이블은 현장에서 설치할 때에 충격이나 인장력으로 인하여 광섬유가 파손되지 않아야 하고, 광섬유의 전송 특성이 변하지 않도록 주의해야 한다. 즉, 광케이블은 기계적 강도가 약하여 인장력, 측압, 굴곡, 충격 등이 가해지면, 광섬유의 광학적 특성이 변화되

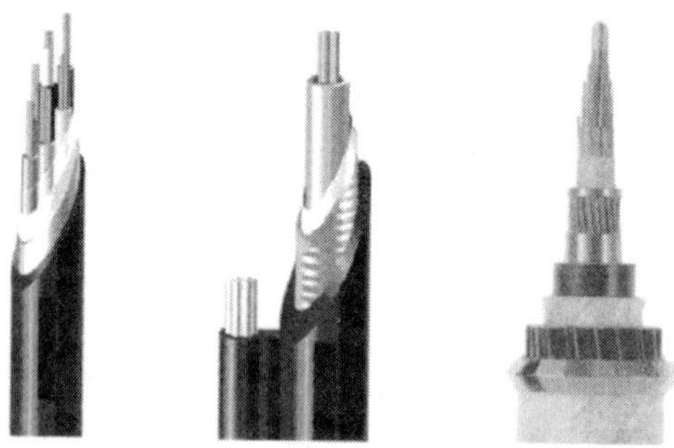

(a) 포설용 (b) 가공용 (c) 해저 케이블용

그림 5-12 각종 광케이블

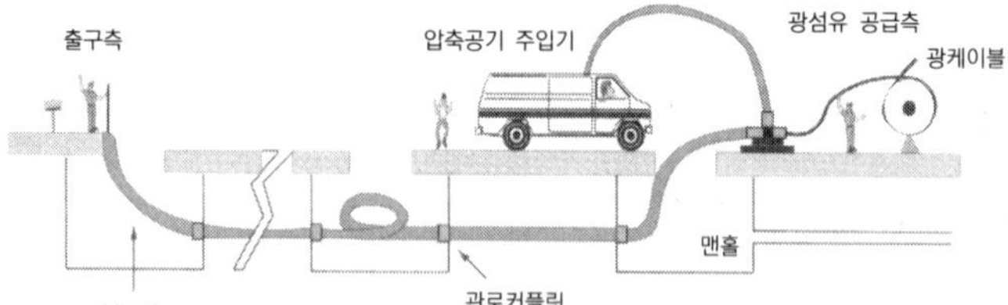

그림 5-13 공기 압력에 의한 광케이블 포설

고 광섬유의 수명에 영향을 주기 때문에, 케이블 포설 작업에는 케이블에 무리한 힘이 가해지지 않도록 주의해야 한다.

2) 광케이블의 접속

포설이 완료되면 광섬유끼리의 접속과 광케이블 외피 접속이 필요하다. 광섬유 접속은 광섬유의 전송 특성 변화를 최소화 하도록 결합하는 것이고, 외피 접속은 외력으로부터 광섬유를 보호하기 위한 케이블끼리의 접속이다.

광섬유의 접속에는 영구적인 접속과 떼었다 붙였다 할 수 있는 커넥터 접속이 있다.

■ 영구적 접속(splicing)

영구적 접속은 떼었다 붙였다 할 필요가 없는 전송로상의 광섬유끼리의 접속이다. 접속 방식에는 크게 융착 접속과 기계식 접속 방식이 있다.

· 융착 접속(fusion splicing)
  접속방법 중에서 가장 많이 사용되는 것으로, 접속시키고자 하는 광섬유를 맞붙여 놓고 불꽃이나 전기적 고압 방전에 의하여 광섬유를 녹여서 접속하는 방법이다.

· 기계식 접속(mechanical splicing)
  접속되는 두 광섬유 단면 간에 접착제나 기계적 힘으로 접속하는 방법이다.

■ 커넥터 접속(connector)

커넥터(connector) 접속은 접속 및 분리가 요구되는 광섬유와 광송수신기 등의 장치 사이의 연결에 주로 사용된다. 제품으로 나와 있는 각종 커넥터는 그림 5-14와 같다. 커넥터의 접속 손실은 평균 0.2~0.5 dB 정도로 영구적 접속에 비해서는 조금 높다.

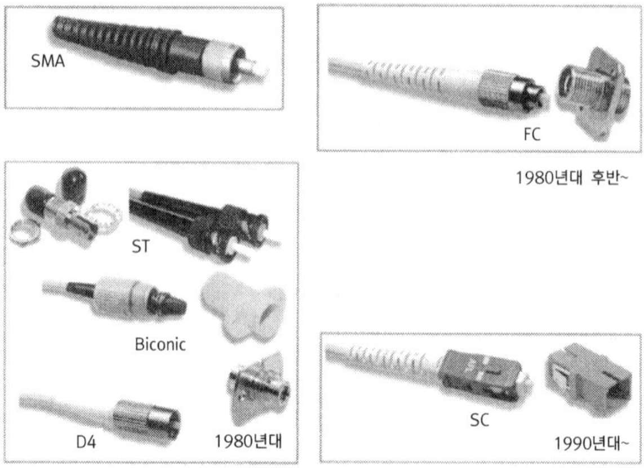

그림 5-14 각종 커넥터

5.1.6 광통신의 특징

1) 매우 넓은 대역폭

현재 광섬유는 이론적으로 10 GHz 이상의 대역폭과 1 km당 0.3 dB 이하의 감쇄 특징을 가지고 있다. 이 광대역 폭과 저손실 특성은 광섬유가 통신 채널 거리 당 최저 경비의 전송 매질로 사용될 수 있게 해 준다. 따라서 현재의 전송 속도와 전송 거리의 제한은 광섬유 자체보다 레이저, 수신기, 다중화 기술에 달려 있다.

2) 매우 작은 지름과 경량의 케이블화

광섬유 하나의 데이터 전송량은 900쌍으로 구성된 구리선 케이블과 같다. 이는 구리선을 사용할 경우 케이블의 지름이 약 3인치인 데 반해, 광섬유를 사용할 경우 지름이 0.005인치로 상대적으로 매우 큰 설치 면적의 감소를 가져온다는 장점을 가지고 있다.

3) 고품질의 전송 특성

광섬유의 전송 경로에서의 잡음에 대한 면역 특성의 결과로 광섬유는 기존의 구리나 마이크로파 선로보다 우수한 통신 품질을 제공한다.

4) 전기적 잡음이 거의 없는 매질

광섬유는 금속보다 오히려 유전체(Dielectrics)의 성질을 가지고 있어서 전자기 간섭(EMI : ElectroMagnetic Interference)등의 영향을 거의 받지 않는다. 즉, 광섬유는 잡음이 거의 없는 전송 매체라고 할 수 있다.

5) 설치와 운용에서의 경제성

광섬유의 광대역성과 저손실 특성은 중계기(Repeater)간격을 증가시키고, 따라서 시스템의 외부적으로 확대하는데 필요한 비용을 감소시킬 수 있다. 결과저으로, 중계기 수의 감소는 시스템의 유지 및 운용에 필요한 전력과 경비를 감소시킬 수 있어 경제성을 제고할 수 있다.

유비쿼터스 시대의 도래와 전파의 중요성

유비쿼터스 IT혁명은 컴퓨터, 인간, 도시 기반 시설, 그리고 국토 공간이 첨단 네트워크로 연결돼 정부, 기업, 국민의 활동이 보다 합리화되고 질적 수준이 고도화되는 지식정보국가의 성숙 단계라 말할 수 있다. 이러한 유비쿼터스 사회의 특징은 모든 사물에 칩이 들어있고 이들이 언제 어디서나 네트워크에 접속 가능하다는 것이다. 우리가 일상에서 보는 책, 침대, 의자, 차량, 냉장고, 교량 등 모든 사물이 RFID(Radio Frequency IDentification)칩을 가지게 되며, 그러한 칩이 네트워크를 통해 서로 정보를 주고 받는다는 것이다.

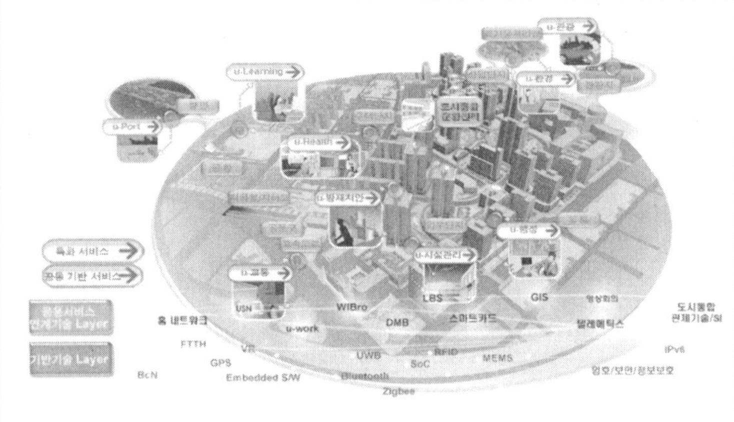

유비쿼터스 사회의 모습(출처 : 방송통신위원회)

◈ 익힘문제 ◈

1. 광통신이 통신에 이용되기까지의 과정을 상세히 설명하여라.
2. 광통신 형태와 장점에 대하여 상세히 설명하여라
3. 광원에서 파생된 광파의 특성을 정리하고 매개변수를 설명하여라.
4. 광통신에 사용되고 있는 다중화에 대하여 설명하여라.
5. 광 시분할 다중화와 광주파수 분할 다중화에 대하여 비교하여 설명하여라.
6. 광섬유의 응용분야를 분류하고 이용분야에 대하여 설명하여라.

6

이동통신

목표

- 이동통신의 개요와 종류, 전송과정 시스템의 구성
- 셀룰러 이동통신의 기본망과 서비스의 종류
- TRS의 IMT-2000, 무선데이터의 형태, WiBro의 구성

6.1 이동통신이란 무엇인가?

6.1.1 이동통신의 개요

이동통신이란 이동하면서도 통신을 가능하게 하는 전파라는 무선매체를 이용한 새로운 형태의 통신서비스이다. 인간은 원래 움직이면서 생활하기 때문에 장소에 구애받지 않고 자유롭게 통신할 수 있게 해주는 이동통신 서비스는 인간의 기본적 욕구를 실현하는 궁극적인 형태라고 할 수 있다.

산업이 세분화되고 통신 이용자들의 서비스 이용형태가 다양해지고 고도화됨에 따라 과거의 기본적 통신서비스만으로는 급변하는 사회의 요구에 부응할 수 없게 되었다.

표 6-1 이동통신 서비스의 종류

무선통신	방송	라디오 방송
		TV 방송
	위성통신	국제전화
		위성중계
	이동통신	이동체 전화
		무선호출(삐삐)
		휴대용전화
		TRS
		무선데이터 통신
		IMT-2000

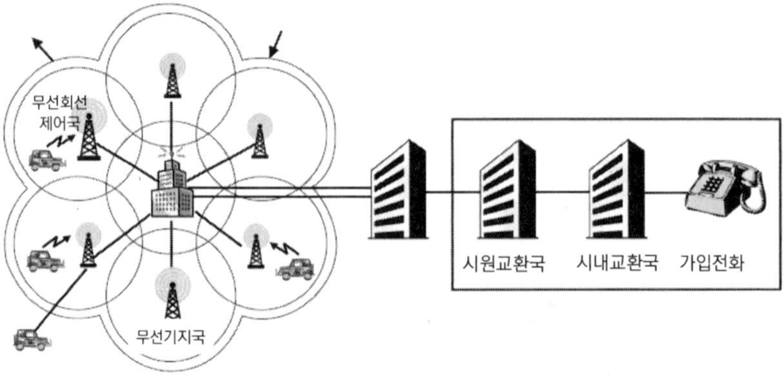

그림 6-1 이동통신 시스템의 구성도

이동통신망은 기존의 통신망과는 다른 여러 가지 특징이 있다. 기존의 전화망은 초기등록시 가입자 위치가 알려져 있고 고정적이므로 이들간의 호 성립(Call Setup)은 발신자가 보낸 착신자의 지정번호에 의해 교환기가 경로를 설정하기만 하면 되었다. 그러나 가입자의 위치는 수시로 변할 수 있기 때문에 항상 가입자의 위치를 추적하여 그 정보를 저장하고 있어야 한다. 이동통신 시스템은 발신자가 착신자의 현 위치를 모르더라도 망에서 위치를 알아내어 상호간 호접속을 해줌으로 망이 지능을 갖는다는 의미에서 지능망(IN: Intelligent Network)의 개념과 매우 흡사하다.

6.1.2 이동통신시스템의 발전과정

이동통신시스템은 산업수순의 방송이 시작된 1920년대부터 무한한 발전을 거듭해왔다. 이러한 발전은 크게 전송방식, 단말장치, 사용주파수, 셀(Cell)의 구성, 서비스 측면으로 나누어 볼 수 있는데, 전송방식에 있어서는 아날로그신호의 통신으로부터 디지털 신호의 통신으로 발전해 가고 있다.

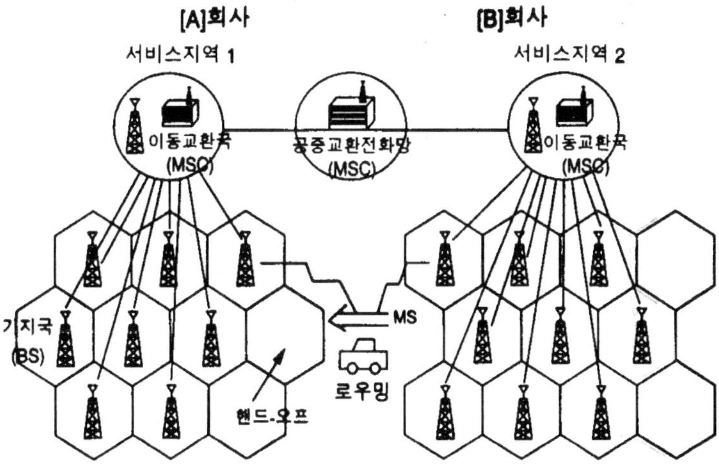

그림 6-2 셀룰러 이동통신의 기본형

단말장치는 차량 적재형에서 개인 소형 포켓용으로 변해가고 있다. 그리고 사용주파수에 있어서는 초기의 400 MHz대에서 3,000 MHz대로 발전하고 있으며, 셀의 구성에 있어서는 반경이 약 20 km인 커다란 한 개의 셀에서 1 km이내의 반경을 갖는 마이크로셀 형태로 변해가고 있다. 서비스의 측면에 있어서도 1인 1단말장치시대의 출현을 뜻하는 개인휴대통신서비스(PCS: Personal Communication Service)가 활발하게 사용되고 있으며 또한 이동통신의 마지막 단계인 IMT-2000이 곧 개통될 것으로 예상되며 이러한 서비스가 됨으로써 개인이 하나의 전화번호를 갖는 개인통신시대가 열리게 될 것이다. 그림 6-2는 셀룰러 이동통신의 기본형을 나타내고 있다.

6.1.3 이동통신의 전송과정

일반적인 통신의 송, 수신계를 보면 그림 6-3과 같이 나타낼 수 있다. 송수신계는 정보원, 모뎀, 송신기, 유무선 전송로, 수신기, 모뎀, 수신자로 구성되며 각 단계마다 단말장치나 전송사이에 각종 잡음이 나타나게 된다.

전송된 음성이나 화상 등의 정보원은 변조기에 의해 전송로에 적당한 신호로 변조된 후 송신기를 거쳐 유선 또는 무선의 전송로로 보내지며, 수신기에서는 수신신호를 복조기에 의해 원래의 정보원으로 복조하여 수신자가 받게 된다. 또한 일반적으로 전송로, 송수신기와 변복조기(MODEM)에서 원래 신호에 잡음이 첨가되므로 수신정보는 송신정보보다 열화된다.

참고적으로 무선전송의 기초로써 무선통신용 주파수를 분류해보면 마이크로파라 함은 통상 300 MHz에서 3 GHz대까지의 UHF대와 3 GHz대에서 30 GHz대의 SHF를 포함한 전자파를 총칭하고 있다.

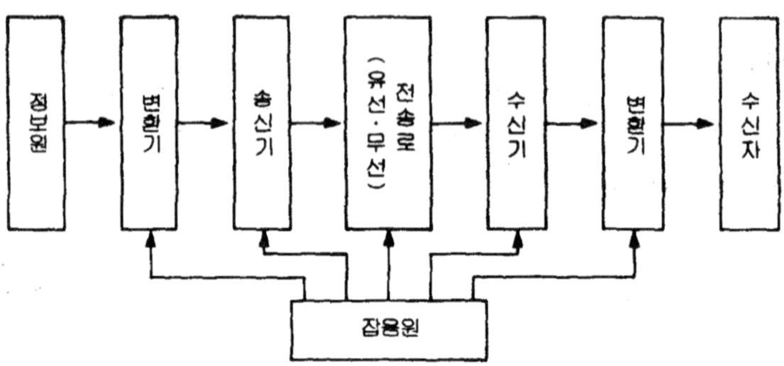

그림 6-3 일반적인 통신의 송수신계

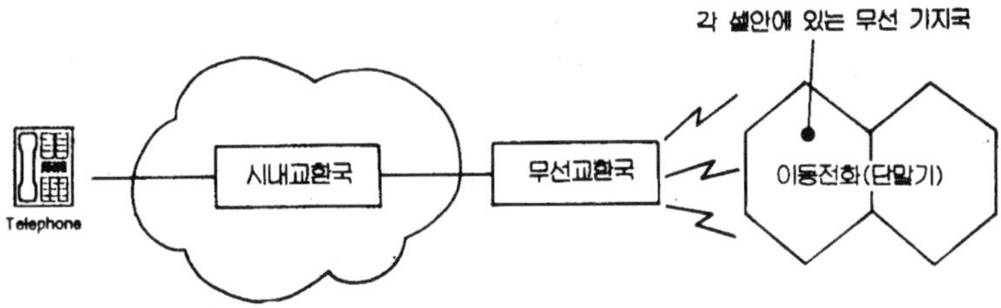

그림 6-4 이동통신시스템 구성도

6.1.4 이동통신시스템의 구성

이동통신시스템의 구성은 서비스 종류에 따라 약간의 차이가 있으나 주요 구성내용은 다음과 같이 크게 교환기, 무선기지국, 무선단말장치로 구성된다. 교환기는 이동무선 단말장치로부터 무선교환국으로 들어오는 신호를 통제, 교환하는 기능을 한다. 무선기지국은 무선교환국과 이동 단말장치간의 신호전송을 담당하고 있다. 무선 단말장치는 이동통신 단말장치로 구성되어 있다. 그림 6-4는 이동통신시스템에 대한 구성도를 설명하여 주고 있다.

6.1.5 이동통신 서비스의 종류

이동통신서비스는 현재 우리의 생활에 가장 근접해 있는 휴대전화기, 자동차전화, 무선호출기, 무선전화기, 항만전화, 주파수공용통신(TRS), 셀룰러 전화, 개인휴대통신(PCS), IMT-2000 등을 들 수 있는데, 앞으로는 그 서비스의 유형이나 종류 그리고, 품질 등의 면에 있어서 지금과 상당히 다른 형태와 양상으로 크게 변화발전할 것이다.

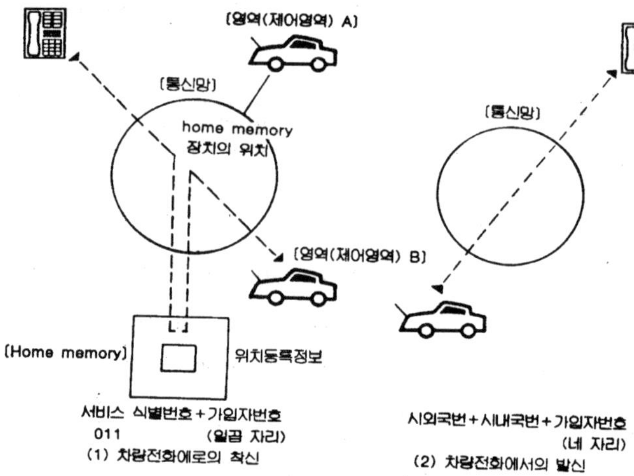

그림 6-5 카폰의 다이얼방법

1) 카폰(Car Phone)

카폰은 1960년대에 시작, 1967년에 이르러서 400 MHz대를 사용한 자동차 전화방식이 개발에 성공하였지만, 당시의 여러 가지 제반사정으로 인해 공중이동통신으로는 상용화되지 못했다. 그 후 이동통신용으로 미개발 주파수대였던 800 MHz대의 개척에 의해 1대역이 약 10만의 이용자를 수용할 수 있는 자동차 전화방식이 개발되었다. 그리고 1979년 12월 일본의 도쿄에서 처음으로 카폰 서비스가 시작되었던 것이다. 그림 6-5는 카폰에서 다이얼하는 방법에 대해 설명하고 있다.

2) 무선호출기

무선호출기는 일명 삐삐라고도 부르고 실제 이름은 페이저(pager)라고 한다. 현대인이라면 한번쯤은 서비스를 제공받았을 것이다. 무선호출기는 이동통신 단말기 중의 하나로 일반 가입자전화에서 호출하고자 하는 호출번호를 다이얼링하면 무선호출번호는 시내교환기를 통하여 무선호출 중앙기지국에 전송되고 레지스터에 저장되었다가 무선호출 중앙기지국에서 수신한 호출 번호의 가입자의 유무를 점검하고 해당가입자가 있으면 부호화장치를 가동하고 선택호출번호를 각 기주국에 송출하는 동시에 발호자에게는 호출중임을 알리게 된다.

3) 무선전화기

현재 대부분의 가정에서 저렴한 가격으로 구입하여 쓸수 있는 무선전화기(cordless phone)는 전화의 단말부분이 무선화된 장치로 아날로그 무선전화기에서는 46/49 MHz대를 각각 고정 접속장치와 휴대이동장치용 송신주파수로 하고 무선전화의 무선구간에 멀티채널 접속방식에 의한 주파수의 공용화가 되고 있다. 이 방식은 무선채널의 사용효율을 높이기 위해 다수의 무선채널 중 빈 채널을 자동적으로 선택하여 구역내의 수용가입자수를 중대시키는 방식이다.

4) 연근해를 항해중인 선박과 통화하는 항만전화

항구에 정박 중이거나 연근해를 항해중인 선박을 대상으로 한공중 무선전화로서 1961년 부산·목포·인천항에서 서비스가 시작되었다. 항만전화는 무선을 이용한 전화중에서 가장 오래된 서비스에 속한다.

우리나라 항만전화사업의 초창기에는 자기통신허가를 받은 민간사업체가 수동교환기를 설치하여 부두에 정박 중인 선박을 대상으로 서비스를 제공하였지만, 당시의 시스템은 정박 중인 선박까지 직접 유선을 연결하여야만 했고 교환도 수동방식으로 이루어졌으며, 그나마 소규모 시스템이어서 여러 가지로 불편했다.

1985년 12월에 설립된 항만전화회사는 1988년에 항만자동전화망을 개통하여 항만통신을 유선·자동화하였으며, 1991년 12월에는 부산항엔 무선통신방식인 주파수공용통신망을 개통하여 해상에서도

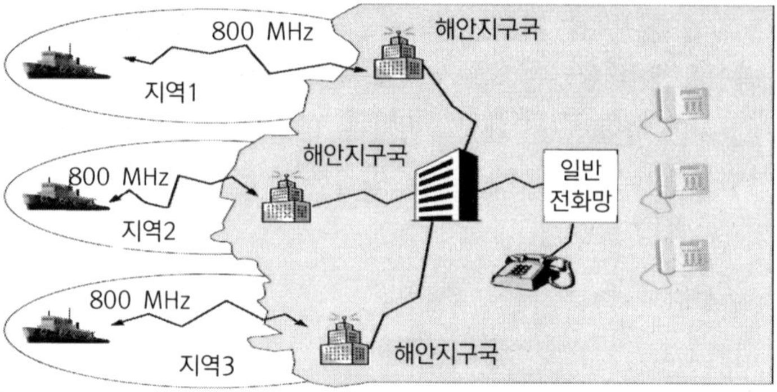

그림 6-6 항만전화의 통신망

육지와 직접, 자동으로 통화할 수 있게 되었다. 항만 전화용 주파수 공용시스템은 소통권이 기지국을 중심으로 반경이 약 30~50 km이고, 사용하는 주파수대는 800 MHz대이다.

주파수 공용시스템은 현재 울산·마산·통영·여수·포항·제주도 지역이 서비스 가능하며, 연차적으로 서비스 제공지역을 넓혀나갈 계획이다. 항만전화의 통화권은 도단위를 대상으로 하는 지역통화권과 전국을 대상으로 하는 광역통화권 그리고 일반 전화망을 경유하는 이동통화권으로 구분하고 있다.

5) 주파수공용통신(Trunked Radio System)

■ 개요

주파수공용통신(Trunked Radio System, TRS)이란 무선중계국에 할당된 복수의 무선채널을 일정한 제어하에 다수의 가입자가 공동으로 이용하는 이동통신방식이다. 주파수 공용통신(TRS)는 1972년 미국 시카고에서 최초의 상업용 서비스가 시작된 이래, 현재 미국, 일본, 유럽 등 세계 전역에서 활발히 운용되고 있으며, 크게 공공시스템과 사설시스템으로 구분할 수 있다. 공공시스템은 대부분 각급 정부기관에서 설치한 것으로, 경찰, 소방,

의료, 철도 등 각종 공공기관에서 연계·운용되고 있다. 사설시스템은 민간 사업자가 주파수를 할당받아 희망하는 이용자에게 서비스를 제공하는 것으로서, 운수업, 유통업, 건설업, 서비스업 등의 자영업에서 주로 비용절감을 통한 생산성 향상 수단으로 이용되고 있다.

구조

주파수공용통신(TRS)시스템은 그림 6-7에서와 같이 하나의 중계국(또는 중앙제어국)과 다수의 가입자군으로 구성되며, 각 가입자군은 지령국(또는 기지국)과 다수의 이동국(또는 이동단말기)으로 구성된다. 중계국은 모든 가입자군이 공동으로 이용하는 주파수이용 중계장치로서, 각 가입자군 내의 지령국과 이동국간 또는 이동국 상호간의 통신을 중계한다. 중계국은 모든 가입자군이 공동으로 이용하는 주파수고용 중계장치로서, 각 가입자군 내의 지령국과 이동국간 또는 이동국 상호간의 통신을 중계한다.

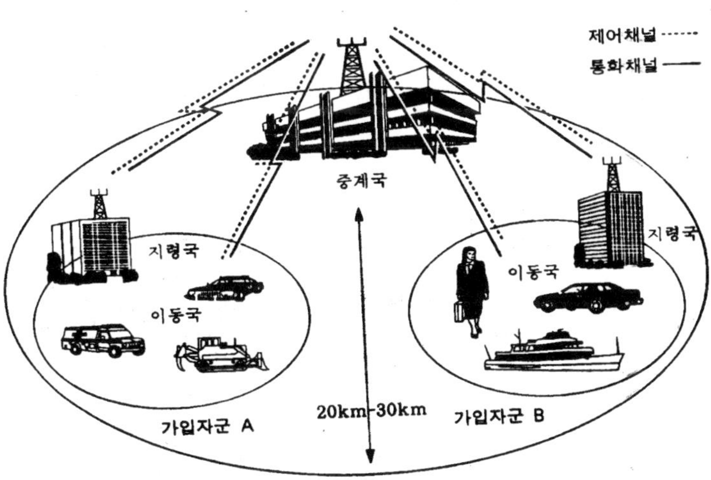

그림 6-7 주파수고용통신 시스템의 구성

중계국은 무선주파수의 송·수신을 담당하는 무선중계기, 호접속이나 채널할당과 같은 제어기능을 수행하는 제어기 및 부대시설로 구성된다. 지령국은 각가입자군의 이동국들을 제어하기 위하여 이용자의 사무실 등에 설치하는 무선국으로서, 가입자군마다 하나씩 설치되어 이동국으로 지령(dispatch)을 보내거나 이동국을 관리 또는 제어하는 역할을 수행한다. 이동국은 한 개 또는 복수의 가입자군에 소속되어 운용되는 TRS용 이동단말기로써, 가입된 모든 지령국 및 이동국 상호간에 통신이 가능하다.

6) 셀룰러전화(Cellular Telephone)

■ 셀룰러시스템의 발전과정

공중통신용 차량전화서비스는 1946년에 반이중통신대화방식(일명 press-to-talk) 및 수동접속교환방식인 MTS(Mobile Telephone Service)시스템으로, 미국에서 처음 시작되었으며, 그 후 1964년에 다이얼 자동접속, 전이중통신, 다중채널접속 등이 실현된 IMTS(Improved MTS)시스템이 개발되었다. 수동접속교환방식(MTS)과 IMTS는 모두 광역방식으로서 이는 그림 6-8의 에서와 같이 하나의 고정국으로 넓은 서비스영역을 모두 커버하도록 하는 존(zone)구성방식이며, 대(大)존방식이라고도 불리운다.

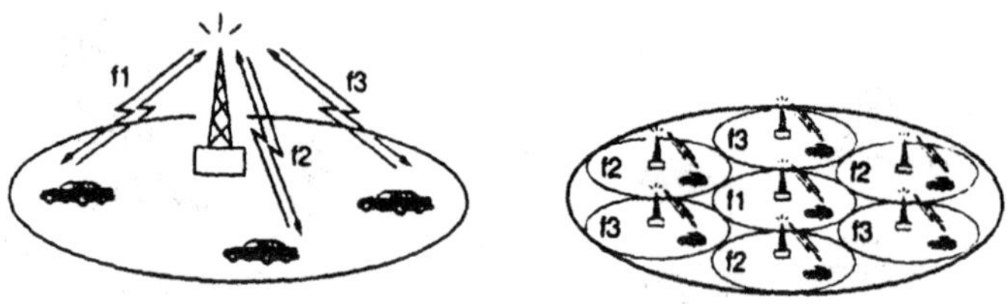

(a) 광역방식　　(b) 셀룰러방식

그림 6-8 광역방식과 셀룰러 방식

이 후 차량전화에 대한 수요는 매년 급증하여, 1978년에 주파수의 효율적인 사용을 목표로 한 셀룰러방식의 AMPS(Advanced Mobile Phone Service)시스템개발이 시작되었다. 셀룰러 방식은 전체 서비스영역을 셀이라 불리우는 다수의 소(小)존으로 나눈 후, 각 셀마다 하나의 고정국을 두고 그 고정국에서의 송신출력이 해당 셀만을 커버하도록 조정하여, 어느 정도 떨어진 셀들간에는 동일한 주파수의 채널을 사용하도록 한 방식이다.

셀룰러시스템의 기본원리

· 주파수 재사용(Frequency reuse)

전파의 세기는 거리가 멀어질수록 점점 약해지므로, 일정거리 이상 떨어진 두 셀에서는 서로간의 간섭이 적어, 동일한 주파수채널을 사용할 수 있다. 이러한 원리에 의해, 하나의 주파수를 동시에 여러 지역에서 사용할 수 있으며, 이에 따라, 가입자 용량을 크게 증가시킬 수 있다. 그림 6-9는 주파수 재사용의 한 형태를 나타낸 것으로서, 동일문자를 갖는 셀간에는 동일주파수를 사용할 수 있을 만큼의 충분한 거리를 유지하고 있음을 의미한다.

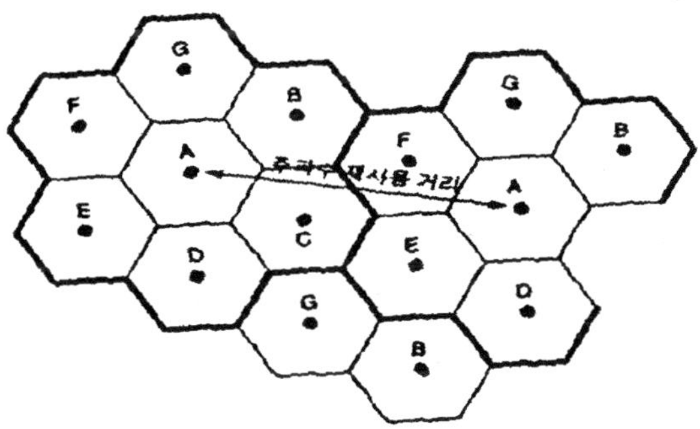

그림 6-9 주파수 재사용

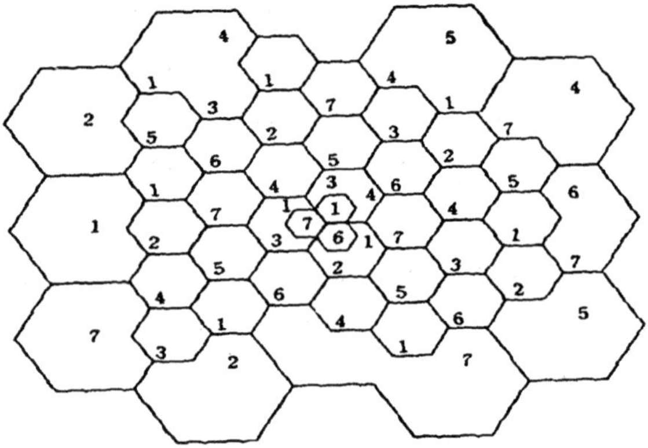

그림 6-10 셀분할

· 셀분할(Cell splitting)

가입자수가 증가하여 한 셀에서 서비스받을 수 있는 최대 가입자수를 초과할 경우, 셀들은 보다 작은 크기의 셀들로 분할되는데, 이 경우 동일 채널간섭을 최소화하기 위해 기지국의 송신출력을 감소시켜야 한다. 그림 6-10는 두 번에 걸친 셀분할 결과를 나타낸 것이다. 셀분할이 여러번 실시되어 작은 크기의 셀들로 구성된 도심지역에서는 동일 채널간섭이 심각한 문제가 될 수 있는데, 이를 완화시키기 위하여 기지국에 전방향성 안테나 대신 방향성(directional)안테나를 사용한다.

7) PCS의 개요

PCS는 'Personal Communication Systems'의 머릿글자로 개인휴대통신을 뜻한다. 풀어쓰자면 일반 가입자들이 휴대단말기를 이용해 언제, 어디서나 누구와도 손쉽게 통화할 수 있는 고도의 개인휴대통신서비스를 지칭한다.

가장 기본적인 개념은 셀룰러가 차량용이라면 PCS는 휴대용이다. 따라서 PCS는 원칙적으로 차를 타고 고속으로(시속 30 ㎞이상) 달릴 때는 전화를 할 수 없다. 왜냐하면, 하나의 셀 크기가 기존 셀룰러는 2 ㎞에서 크게는 10 ㎞정도인데 비해 PCS는 수백 미터 수준으로 고속으로 달리는 차안에서 서비스를 하려면 너무나 많은 핸드오버를 해야 하므로 시스템이 감당할 수 없다.

또한 셀크기가 작으므로 기존 휴대폰 사용자들이 가장 불편했던 가입 포화로 인한 콜페일(Call fail)이 난다는 것인데 이러한 일이 일어나지 않는다.

PCS는 개인위주의 서비스와 저렴한 요금으로 "언제, 어디서나, 누구에게나, 어떠한 정보라도"전달할 수 있는 이동 통신이라고 정의되고 있으나 기존의 셀룰러 이동전화와 차별되는 부분을 파악하기는 쉽지 않다.

8) IMT-2000의 서비스 통신

오늘날 새로운 통신 방식인 IMT-2000이 이동통신의 최종 목표라는 의미에서 제공하는 모든 서비스는 물론이고 유선에서 제공되는 서비스 및 앞으로 도래할 수 있는 모든 서비스를 수용할 수 있어야 한다고 여겨지고 있다.

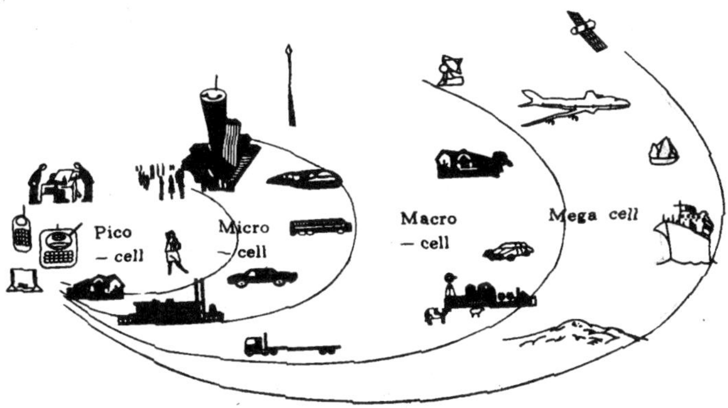

그림 6-11 IMT-2000의 통신 서비스

또한 위성을 통한 도난차량 추적과 같은 위치정보 서비스와 교통정보, 스포츠 중계 등의 실시간 데이터와 휴대용 TV와 같은 방송 형태의 서비스까지 포함하는 유선망에서 제공되고 있는 거의 모든 서비스가 무선으로 실현될 전망이다.

9)무선 데이터 통신 시스템 구성

무선 데이터 시스템은 그림 6-12과 같이, 각종 데이터베이스(DB) 센터, 가입자 호스트 또는 PC 통신 회사 등으로 접속되어 있는 중앙 정보 센터와 이동 정보 기기인 호스트 및 무선 전성 장치 등으로 구성되어 있다.

무선 데이터 시스템의 기본 기능은 접속 신호 처리 기능을 담당하고 있는 호스트와 단말기 간, 그리고 단말기와 단말기 간 신호 접속이다. 그리고 로밍(roaming) 기능, 핸드오프(handoff) 기능, 단말기 위치 등록 기능 및 부가기능이 있다.

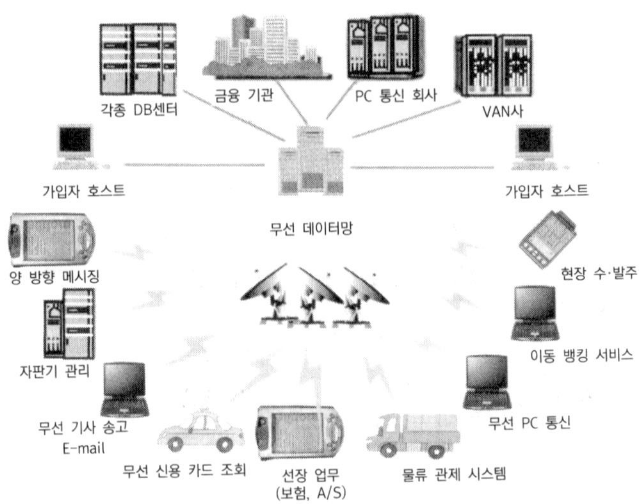

그림 6-12 무선 데이터 시스템 구성 및 응용 분야

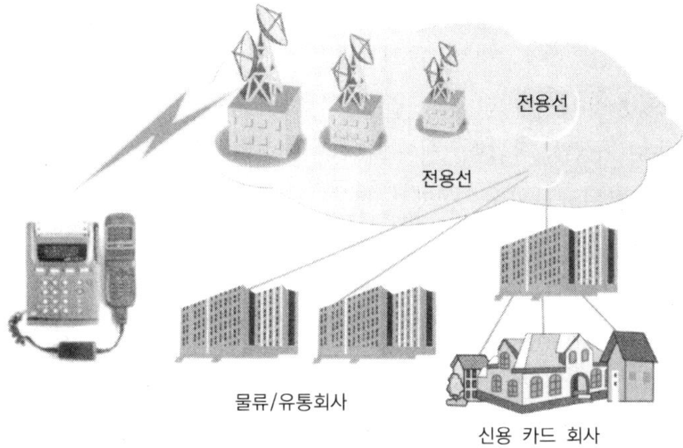

그림 6-13 무선 신용 카드 결제 시스템의 구성도

로밍 기능은, 단말기가 등록된 교환국 영역에서 다른 교환국의 영역으로 이동하면 호 접속이 끊어지지 않도록 새로운 교환국에 단말기가 등록되어 교환국과 단말기 간 신호 처리를 해 주는 기능이다. 그리고 핸드오프 기능은, 동일 교환국 영역 내에서 단말기가 한 기지국의 영역에서 다른 기지국으로 이동하면 수신 강도가 좋은 새로운 기지국에 접속해 주는 기능이다.

10)무선 데이터 시스템의 서비스 형태

무선 데이터 시스템 서비스를 기술적인 형태로 분류하면 크게 방송형(broadcast), 양 방향 메시지(two-way- message), 셀룰러 데이터 및 위성 데이터 서비스 등의 형태가 있다. 각각의 기술적인 특성을 알아보자.

방송형 시스템에는 무선호출 서비스가 대표적이며, 라디오 방송을 이용한 데이터 전송과 텔레비전 방송을 이용한 데이터 전송을 들 수 있다. 무선 호출 서비스는 무선 데이터 전송의 가장 기본이

되는 서비스로서 간단한 문자 메시지, 전자 우편, 음성 메일의 통지, 교통 상황, 주식 시세 등의 정보 서비스를 수행한다. 텔레비전 방송을 이용한 문자 전송의 경우, 선진국에서는 수년간 비디오 텍스트(video text) 개발이 시도되어 왔으며, 주식 시세, 신문, 기타 지역에 관련된 정보를 텔레비전의 화면의 상부,하부에 나타나게 하는 방식이다.

양 방향 메시지 서비스에는 패킷데이터 방식, 협대역 개인 통신 서비스(narrowband PCS)가 있다. 패킷데이터 방식은 무선 모뎀이라는 특수한 장비를 이용하여 200~300 byte의 짧은 메시지를 주로 전송하도록 설계되어 있다. 협대역 개인호출과 메시지 서비스를 개인 또는 비즈니스용으로 제공하는 이동/휴대 무선 서비스이다. 서비스 내용으로는 신용 카드 조회, 차량 운송 및 화물 추적을 위한 위치 검색 서비스, 음성 무선 호출, 양방향 단문 교환 등이 있다.

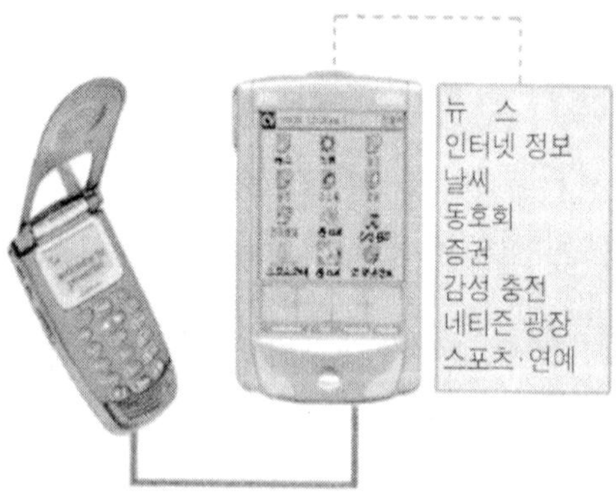

그림 6-14 무선 데이터 시스템의 서비스 사용 예

11) WiBro의 발전 배경 및 특징

■ WiBro의 발전 배경

최근 통신 서비스 산업의 내외적환경은 급격하게 변화하고 있다. 수요자 측면에서 인터넷을 매개로 한 디지털화의 물결이 경제 및 사회 전반의 정보화를 가속시키는 가운데 통신 서비스에 대한 수요도 음성보다는 데이터 통신 중심으로 확대되고있다. 또, 이용자들은 시간과 장소의 제약을 극복한 연속적인 커뮤니케이션과 정보 접근을 요구하고 있으며, 편의성 및 개인화 추구, 서비스 속도 향상 등에 대한 원스톱(one-stop) 서비스에 대한 요구가 더욱 커지고 있다.

기술적 측면에서 보면 두 가지 정도로 요약해 볼 수 있다. 첫째는, 이동형 고속 인터넷 서비스를 가능하게 하는 기술의 발전과 고정 통신, 휴대 통신, 이동 통신 등 다양한 환경을 하나로 통합할 수 있는 기술의 출현이다. 둘째는, 이미 포화 상태에 이른 유선 인터넷 시장과 휴대전화 시장에 새로운 자극제가 필요했기 때문이다. 이러한 기술적 측면이 국가의 정책과 수요자의 요구와 부합되어 탄생한 것이 WiBro이다.

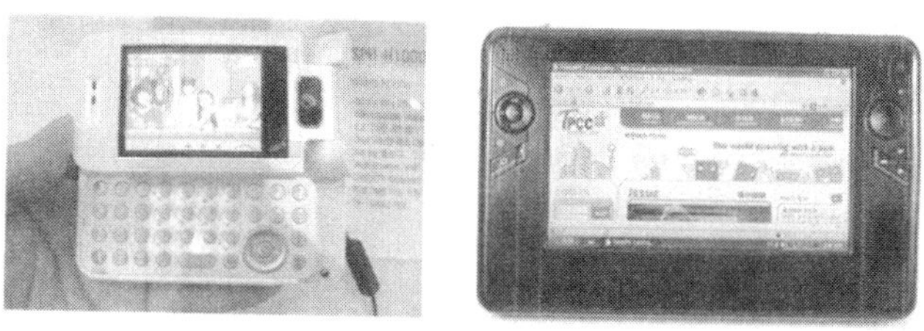

그림 6-15 다양한 WiBro 단말기

WiBro망의 구성

WiBro는 음성 서비스를 제공하기 위한 이동 통신망과는 달리 데이터 서비스 제공에 맞게 설계된 망이다. 즉, 인터넷 서비스 제공에 적합한 구조를 택하고 있어 망의 구조가 단순하고 다양한 부가 서비스 제공이 가능하다.

WiBro망은 이용자 단말기, 이 단말기에 무선으로 정보를 전달하기 위한 기지국 장비, 그리고 이동성 관리와 과금 관리 등을 담당하는 제어국(ACR), 그리고 인증 및 각종 부가 서비스 제공을 위한 서비스 제공 서버 등 네 가지 요소로 구분할 수 있다.

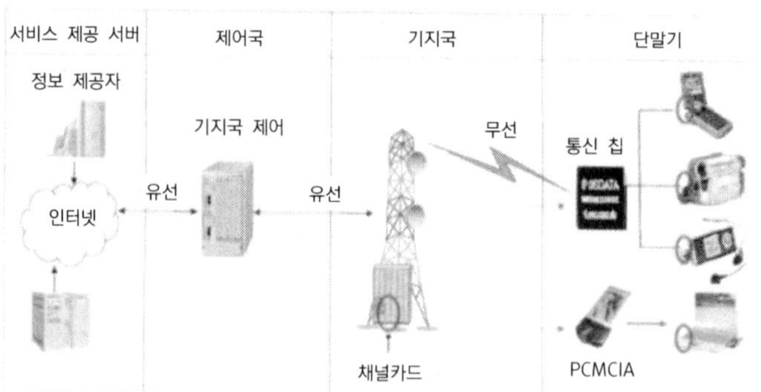

그림 6-16 WiBro망 구성도

우리가 흔히 네비게이션이라 하는것은 차량 항법 시스템(CNS: car navigation system)을 말한다. 차량 항법 시스템은 GPS가 내장된 단말기에 전자 수치 지도, 항법 소프트웨어 등을 설치하여, 전자 지도상에 차량의 현재 위치를 표시해 주며, 이러한 위치 정보를 활용하여 원하는 목적지를 탐색하거나, 목적지까지의 최단 경로 또는 최적 경로를 안내해 주는 시스템을 말한다.

차량 항법 시스템을 이용한 길 찾기

◈ 익힘문제 ◈

1. 오늘날 많이 사용되고 있는 이동통신의 원리에 대해 설명하여라.
2. 이동통신의 특징과 이용분야에 대하여 설명하여라.
3. 주파수 공용통신(TRS)에 대하여 상세히 설명하여라.
4. 셀룰러 통신방식의 정의와 원리에 대하여 설명하여라.
5. 광역방식과 셀룰러 방식에 대해 비교 설명하고 장, 단점을 설명하여라.
6. 셀룰러 통신방식과 PCS통신방식을 비교 설명하여라.
7. IMT-2000의 서비스 통신에 대하여 상세히 설명하여라.
8. 무선 데이터 서비스의 형태와 WiBro의 구성에 대하여 설명하여라.

7

위성통신

목표

- 위성통신의 원리와 시스템의 구성과 구조
- 위성통신의 특징과 이리듐 및 인마셋 시스템
- 인터넷의 개요와 서비스의 종류

7.1 위성통신은 어떻게 이용하는가?

7.1.1 지구촌을 하나로 묶은 위성통신

1958년 초 통신위성 스코어(SCORE)호가 미국 국방성의 ARPA(Advanced Research Projects Agency)계획에 의해 발사되고, 또 1965년에 세계 최초의 상용 통신 위성 INTELSAT 1호가 발사된 이후 위성통신 기술은 급속한 진보를 계속해 왔다.

INTELSAT(International TeleCommunication Satellite Organization)는 국제간의 통신위성 개발, 발사 및 운영 관리를 위한 조직 명칭이다.

위성통신은 이 통신 위성을 이용해서 지상의 중계점과 위성간 전파를 중계하는 무선통신이다. 중계점이 우주에 있으므로 규모가 매우 큰 통신이 가능하게 되었다.

그림 7-1은 위성통신의 원리도이다. 통신위성은 인공위성이라고도 하는데, 이동위성과 정지위성이 있다.

이동위성은 일정 궤도상을 회전하는 것이다. 그러나 보통의 통신위성은 정지 위성으로서 적도 상공 35,000 km에 정지해 있다. 실제는 지구의 자전주기로써 회전하고 있으나 지상으로부터는 정지하고 있는 것처럼 보인다.

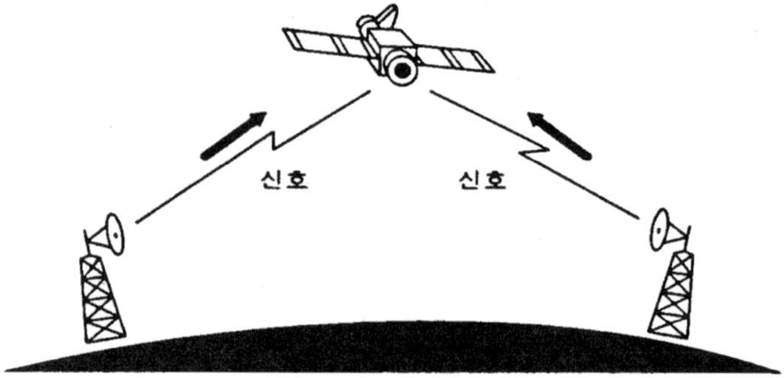

그림 7-1 위성통신의 원리도

위성통신이 보통의 통신에 비해 우수한 점은 다음과 같다.

· 장거리 광역의 통신에 적합하다.
· 통신간의 거리 및 지형에 관계없이 전송 품질이 우수하다.
· 지상의 화제에 무관하므로 대용량의 통신이 가능하다.
· 신뢰성이 높다.

위성 통신의 응용분야로는 다음과 같은 것을 들 수 있다.

· 국제간의 위성통신
· 도서 지역 및 분리된 지역간의 통신
· 재난 구제
· CATV, 직접 위성방송(DBS, Direct Broadcasting Satellite) 등의 위성통신
· 해상용, 지상과 선박 간, 지상과 항공기 간의 이동통신
· 기타 산업부문

위성통신 기술은 경제적인 이점 때문에 새로운 통신분야에 영향을 줄 것이며, 위성시스템의 증가로 전자우편, 비디오 정보 서비스, 화상회의, 무선통신기술의 발전을 유도할 것이다.

7.1.2 위성통신의 원리

위성통신은 마이크로파 전파대역의 중계장치를 탑재한 위성을 우주공간으로 쏘아 올려 지구국에서 발사한 전파를 위성에서 수신하고 그 신호의 수신을 원하는 지구상의 다른 장소로 재송신하는 시스템이다. 이때 지구와 위성과의 높이는 일정하게 유지되는데 이 궤도는 만유인력 법칙에 의하여 회전하는 위성의 질점이 움직이는 궤적을 말한다. 위성이 지구에 가까우면 지구의 중력이 커지고 지구에서 떨어지지 않으려면 위성의 속도는 더 빨라져야 한다. 실제로 모든 위성 궤도가 전리층보다 높은 위치에 있기 때문에 사용되는 마이크로파의 주파수는 전리층을 통과할 수 있어야 한다. 또한 마이크로파 주파수는 현재 통신망에 사용되는 광대역 신호를 전송할 수 있어야 하며, 위성에 탑재되는 고이득 안테나를 실제로 사용할 수 있어야 한다.

지구둘레 궤도의 위성은 지구로부터의 중력과 원심력의 균형지점에 머물러 있고 대기의 영향력은 무시되어야 하며 600 km이상의 위치에 있어야 한다. 궤도 선택은 주어진 지점에서의 위성 관측시간, 지연시간과 전송경로 손실, 지표면 확보 법위 등이 결정되기 때문에 기본적으로 중요하다.

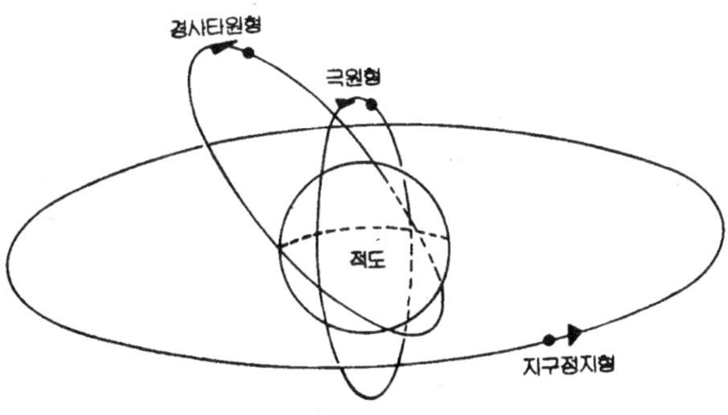

그림 7-2 일반적인 통신위성궤도

그 이유는 위성통신용에서 이용하는 궤도는 지구정지형(geo-stationary), 극 원형(polar circular), 경사 타원형(inclined elliptical)으로 구분된다. 그림 7-2는 각 궤도에 대한 형태를 보여 주고 있다.

7.1.3 위성통신시스템의 구성

위성통신시스템은 지상으로부터의 전파를 수신하고 증폭해서 주파수를 변환시킨 후 다시 지구로 재전송하기 위한 통신위성과 지구에서 전파를 송, 수신하는 지구국, 전파가 전달되는 채널(channel)로 구성된다.

통신위성은 공통기기계(bus)와 통신계(payload)로 나누어지는데 공통기기계는 구조계, 자세제어계, 열제어계, 전력계, 추진계, 원격측정명령계 등으로 나누어지고 통신계는 위성중계기(transponder)와 안테나계 등으로 구성된다. 안테나는 사용하는 주파수 대역과 빔의 크기 정도에 따라 다르다.

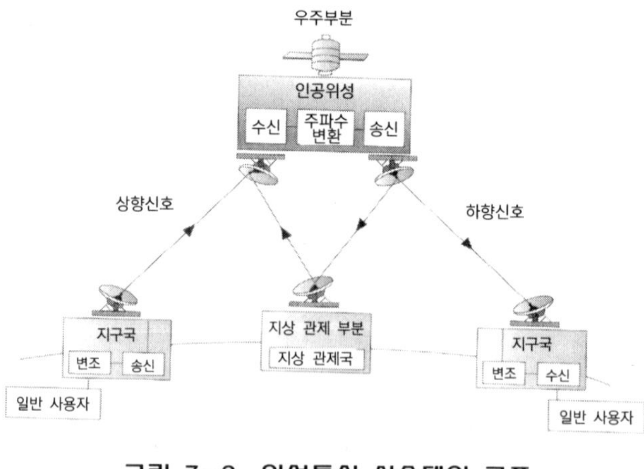

그림 7-3 위성통신 시스템의 구조

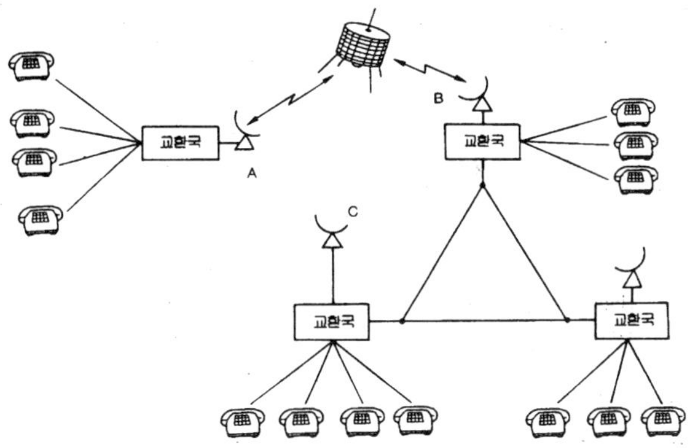

그림 7-4 통신위성의 기능

지구국은 지구국 안테나, 저잡음 증폭부(LNA: Low Noise Amplifier), 대전력 증폭부(HPA: High Power Amplifier), 변복조부, 제어부, 송수신부로 이루어지고 전파를 수신하는 형태에 따라 고정국, 육상 이동국, 연안 해안국, 개별 수신국으로 분류된다. 이 중에서 개별 수신은 위성에서 발사되는 전파로 각 가정 또는 사물실에서 파라보라 안테나를 이용하여 직접 수신하는 것을 말하며, 이를 DBS(Direct Broadcasting Satellite)라고도 부른다.

그림 7-3은 위성통신시스템의 구조를 개념적으로 나타낸 것이다.

위성의 위치 제어신호는 위성의 온 보드장치에 의해 발생되고 주파수 할당방식은 중앙제어국을 통하거나 특정 통신시스템에 따라 각 지상국에서의 제어 기능에 의해 이루어진다. 보통 사용되는 주파수 대역은 4~6 GHz와 12~14 GHz 대역이다. 규정의 각 범위에서 처음 숫자는 하향 링크(down link)주파수이고 두 번째 숫자는 상향 링크(up link) 주파수를 나타낸다. 그림 7-4는 통신위성의 기능을 개념적으로 나타낸 것이다.

지구국 B, C, D는 비교적 가까운 지역에서 상호연결되어 있고 통신의 혼잡을 피하기 위해서 지구국간에 정해진 규칙에 의해 할당된 일정한 기간 동안만 통신위성에 접근하여 멀리 떨어진 다른 지역의 지구국과 통신을 하게 된다.

7.2 위성통신의 서비스

위성통신의 서비스는 매우 다양한다. 즉 TV와 CATV의 신호중계서비스, 직접위성방송서비스, 정지영상방송서비스, 화성회의전송서비스, 통신망긴급복구서비스, 음향방송서비스, 문자방송서비스 그리고 팩시밀리방송서비스 등이다.

7.2.1 인마셋(Inmarsat)과 이리듐(Iridium)

최초로 선박을 대상으로 한 해상 위성통신은 1976년 미국 콤셋(Comsat)사가 마리셋(Marisat)위성을 이용하여 개시하였다. 그 후 1979년에 국제조직으로 설립된 국제 해상위성기구(inmarsat 인마셋)에 승계되었으며, 선박통신외에 항공기통신과 육상 이동통신도 운용하고 있다.

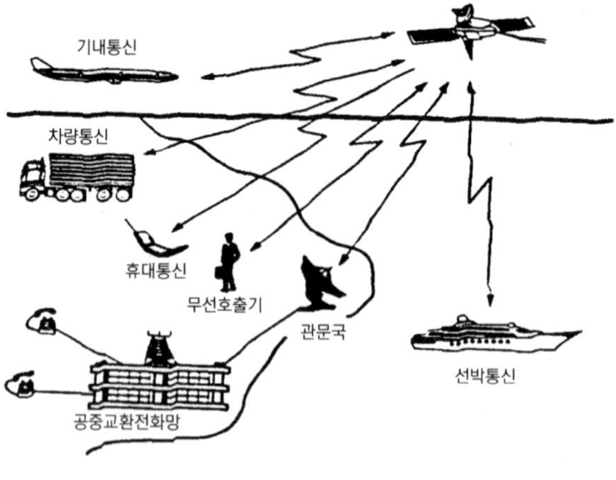

그림 7-5 인마셋 시스템 구성도

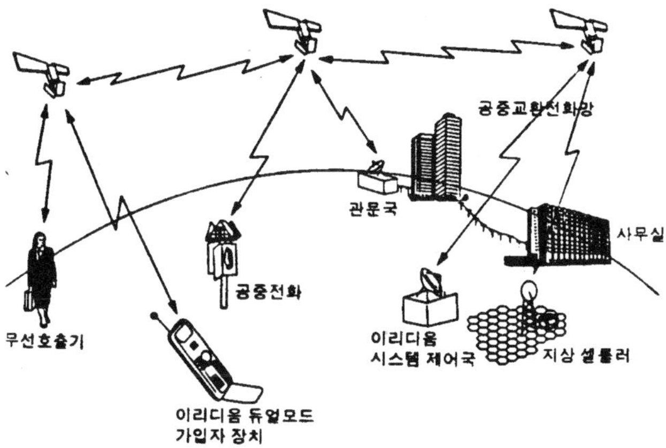

그림 7-6 이리듐 시스템의 통신망 구성도

인마셋은 트래픽이 많은 대서양지역을 동서로 나누고 태평양과 인도양 지역과 합쳐 4개 지역에 11기의 정지위성을 배치하여 글로벌 시스템을 구축하고 있다. 그림 7-5는 인마셋의 시스템 구성도를 보인 것이다.

인마셋이 정지 위성을 사용한 이동통신을 운용하는데 반하여, 훨씬 고도가 낮은 궤도에서 지상에서도 그 움직임을 볼 수 있는 주회위성을 사용한 위성 이동통신의 구상이 구체화되고 있다.

저궤도 주회위성을 수십 기 쏘아 올려 세계를 커버하는 이리듐 계획은 각 위성 전후좌우의 위성과 위성간 통신으로 연결되어 지국의 어디에서든 언제든 자유롭게 통신할 수 있게 된다.

1990년 미국의 모토로라가 제안한 이리듐계획(Iridium Plan)이 그 대표주자로, 이 계획은 저궤도의 주회위성 77기를 사용하여 전 세계적인 이동통신 서비스를 전개한다는 것이다. 원자번호 77인 이리듐(Ir)의 원소에서 원자핵 둘레를 77개의 전자가 돌고 있는 모습에서 따온 명칭이다.

현재는 최초의 구상이 약간 수정되어 고도 약 78 km의 6개 극

궤도인 북극과 남극을 통과하는 궤도에 11기씩, 합계 66기의 주회위성을 배치하기로 되어 있으며, 위성과 위성간 통신으로 연결되어 지구의 어디에서든 언제든 자유롭게 통신할 수 있다. 그림 7-6은 이리듐 시스템의 통신망 구성도를 나타낸 것이다.

7.2.2 TV와 CATV 신호중계서비스

TV와 CATV 신호중계서비스는 위성을 이용하여 별도의 중계장치를 거치지 않고 지방방송사까지 TV방송사나 CATV방송사에서 제자간 프로그램을 중계하는 서비스를 말한다. 아직 한정된 지역에만 서비스가 제공되고 있는 CATV와는 달리 위성에 의한 방송은 한번에 전국에서 수신이 가능한 수십 개의 전문채널을 제공할 수 있는 만큼 그 형향은 CATV에서 비교할 바가 못 된다. CATV, 위성TV시대가 열리면 영상소프트웨어의 수요가 엄청나게 늘어날 뿐만 아니라 외화수입쿼터제 자체가 무의미해지게 될 것이다.

7.3 인터넷 통신

7.3.1 인터넷의 개요

인터넷이란 전세계에 있는 개별 네트워크 사이에 정보 교환을 가능하도록 연동 해놓은 것이다. 즉, 컴퓨터 네트워크의 네트워크(network of network)이다. 이러한 인터넷은 실제 네트워크의 물리적 연결과정이 감추어져서 사용자가 마치 하나의 네트워크에 연결된 듯한 투명성(transparency)이 확보되어야 가능하다. 이러한 접속의 투명성을 위해서 공통된 통신프로토콜을 사용하여야 하는데, TCP/IP라는 프로토콜을 사용하는 컴퓨터 네트워크의 네트워크를 인터넷(Internet)이라 한다. 여기서 설명되는 Internet은 고유명사로서 일반명사 internet과는 구별된다.

7.3.2 인터넷 표준화

인터넷은 여러 통신망들이 연속적으로 접속된 통신망의 집합체이기 때문에 운영을 총괄하거나 제어할 수 있는 특별한 조직이 없다. 하지만 인터넷의 통일성과 표준을 유지하기 위한 조직은 1983년 이래로 여러 가지가 운영되고 있다. ISOC(Internet Society Organization Committee)는 전세계 인터넷의 성장과 개혁에 비중을 두고 있는 전문가 집단으로 주로 인터넷이 사용으로 인한 정치적, 경제적, 기술적 문제들에 대한 연구를 한다. IAB(Internet Architecture Board)는 ISOC에 기술적 자문을 하는 곳으로 주로 인터넷의 구조와 프로토콜에 관한 전체적인 밑그림을 제공한다.

IESG(Inetrnet Engineering Steering Group)는 IEFT(Internet Engineering Task Force)활동과 인터넷 표준화 과정을 기술적으로 관리한다. 마지막으로 IRTF는 인터넷을 골격을 이루는 핵심연구를 한는 곳으로 IRTF 작업반의 의장은 대부분 IRTF의 구성원이다.

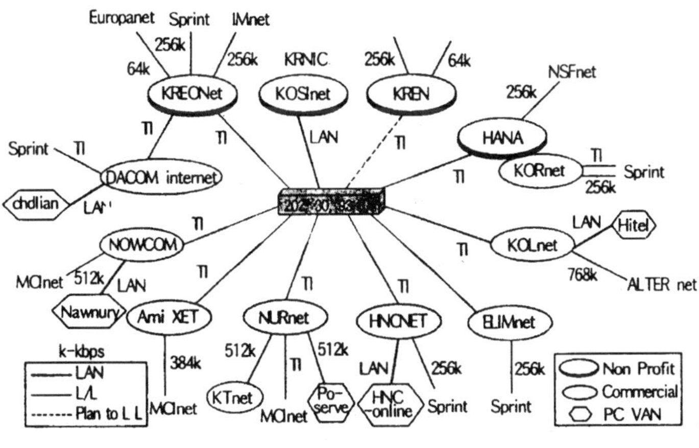

그림 7-7 국내 인터넷의 구성도

가장 중요한 단체인 IRTF의 활동은 주로 작업반에 의해서 이루어지며 이들 작업반은 8개의 IRTF 기술분야에서 활동하고 있다. 작업반은 기본적인 의견의 일치와 수행 가능한 코드의 구현 등을 주로 다루며 주로 전자우편을 통하여 토론과 데모 등이 이루어진다. IRTF회의에서는 특정한 잠정안에 대한 표준화결정이 이루어지는 것이 아니고 서로의 의견 조정이 주된 역할이다.

7.3.3 인터넷 주소

일반적으로 PC나 워크스테이션으로 구성되는 인터넷의 호스트는 우편시스템에서처럼 자신만의 고유한 주소(IP address)를 가진다. 이때 IP 주소는 전세계적으로 유일한 것이라야 하고 중복되어서는 안 된다. 각 호스트의 IP 주소는 202.30.58.82처럼 8비트의 4개의 필도로 구성되는 32비트 숫자로 표현된다. 주소는 인터넷에 가입할 때 지역별로 망 관리센터에 의해 할당받는다. 우리나라의 경우 한국인터넷정보센터(KRNIC)에서 이를 관리한다. IP 주소는 네트워크 번호와 호스트번호는 기관의 호스트에 붙여진 번호이다.

7.3.4 지능망

지능망은 아직 학습하지 않았지만, 1588-, 080-, 1541-, 1580-, 1570- 으로 시작하는 전화 번호는 많이 접했을 것이다. 이상과 같은 번호로 시작하는 것이 지능망 서비스이다.

지능망의 개념을 그림 7-8의 서비스 예를 통해 설명한다.

상대방에게서 걸려 온 전화를 언제, 어디에 있든지 받을 수 있게 하는 방법이 없을까? 상대방이 내 개인 번호로 전화를 하면, 내가 현재 활동하는 지역의 전화로 자동적으로 연결되어 언제나 상대방과 통화를 할 수 있는 지능적인 서비스는 없을까?

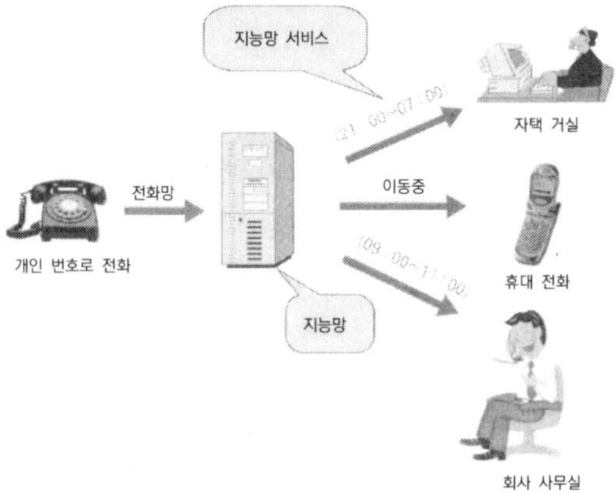

그림 7-8 지능망 서비스의 예

이상과 같은 요구는 기존의 전자 교환기로는 해결하기가 쉽지 않은 서비스이다. 이러한 서비스를 위해서는 내 기인 번호로 걸려온 전화를 현재의 내 위치에서 받을 수 있는 전화번호로 변환해 연결시켜 줄 수 있는 지능이 필요한데, 이러한 지능적인 서비스는 지능망을 통해 가능해진다.

이상의 예에서 개인 번호별로 위치별 전화 번호 데이터를 가지고 있으며, 전화가 걸려오면 위치별로 전화번호로 바꾸어 주는 기능을 하는 것이 지능망이며, 이렇게 변환된 번호로 전화를 연결해 주는 서비스를 지능망 서비스라 한다.

7.3.5 인터넷 전화

1) 인터넷 전화

인터넷 전화는 전화망이 아닌 인터넷망을 통해음성 통화를 하는 방식을 말한다. 전화망이 아날로그 형태인 음성의 송·수신에 적합하게 개발되었으나, 전화 모뎀 등을 이용하여 데이터의 송·수신으로 이용할 수 있었다.

2) 인터넷 전화의 방식

그림 7-9는 회선 교환 방식을 사용하는 전화망을 통한 음성 통화가 이루어지는 기본적인 형태이다. 또 그림 7-10은 패킷 교환 방식의 인터넷망을 통한 전화 통화의 형태이다. 인터넷을 이용할 경우에는 전화망에 연결된 전화기를 인터넷망으로 연결해 주고 음성 신호를 인터넷망에서 처리 가능한 패킷 형태로 재구성해 주기 위한 별도의 연동 장치가 필요하다. 그러나 PC의 마이크로폰과 이어폰을 이용한 인터넷 전화인 경우에는 별도의 중계 장비 없이 인터넷 접속 프로그램만으로 인터넷망에 직접 접속 될 수 있다.

인터넷 전화를 이용하여 통화하는 방법은 이용하는 단말의 종류에 따라 PC 대 PC, PC 대 전화기, 전화기 대 전화기 등 세 가지로 구분할 수 있다.

PC 대 PC 방식은 그림 7-11과 같은 형태로, 발신자가 자신의 PC에 내장되어 있는 인터넷 전화용 소프트웨어를 실행시키면 게이트 키퍼 서버에 접속되어 자신의 IP 주소가 서버에 등록되고, 서버에 등록되어 있는 다른 이용자 중에서 통화하기를 원하는 상대방을 선택하면 인터넷을 통한 통화가 가능해진다.

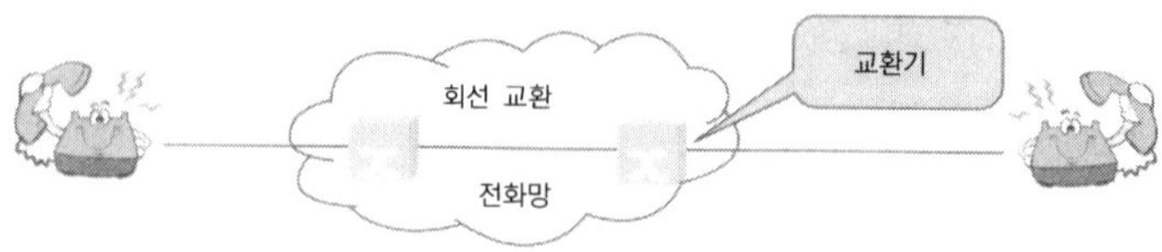

그림 7-9 전화망을 통한 음성통화

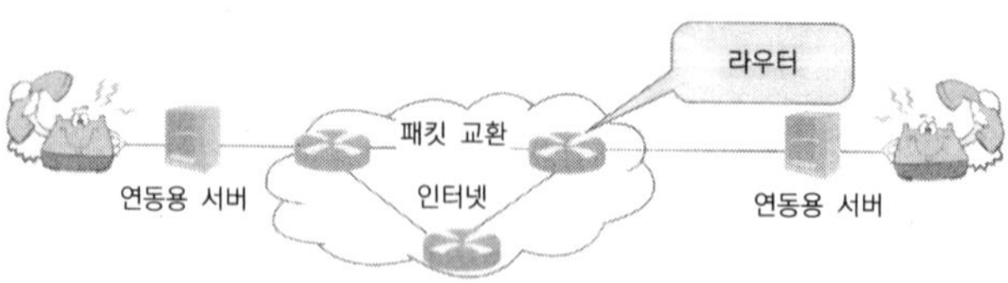

그림 7-10 인터넷을 통한 음성통화

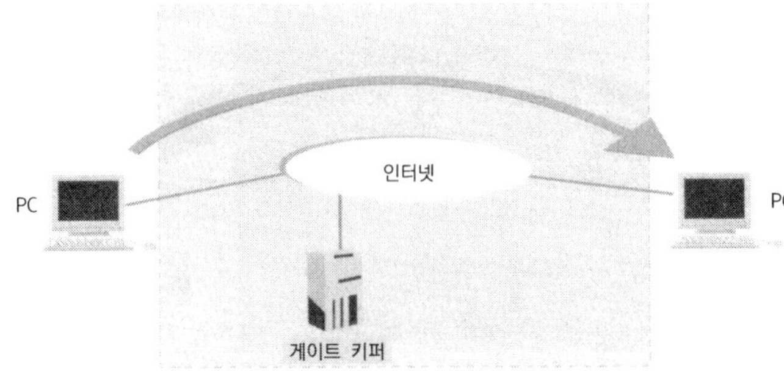

그림 7-11 인터넷을 이용한 전화 통화 방식(PC 대 PC)

앞으로는 인터넷에 직접 연결되는 IP폰이 늘어날 것이다. PC에서 사용하는 인터넷 전화가 많이 이용되고 있지만, PC는 항상 켜져 있지 않을 뿐 아니라 전화 통화가 원래의 기능이 아니므로 이용 절차가 복잡하여 전화 단말기로 사용하기는 어렵다.

IP폰은 인터넷 전용 전화기로서 형태와 이용 방법이 일반 전화기와 동일하지만, 전화선에 연결되지 않고 LAN과 같은 인터넷망에 직접 연결된다는 차이점이 있으며, PC보다 음성, 인터넷 영화, 전화기 품질이 좋다.

◈ 익힘문제 ◈

1. 위성통신의 발달과정과 장점에 대하여 상세히 설명하여라.
2. 위성통신의 응용분야에 대하여 설명하여라.
3. 위성통신의 원리에 대하여 상세히 설명하여라.
4. 인터넷통신의 개요와 표준화에 대하여 설명하여라.
5. 인터넷통신의 서비스 종류를 열거하고 각각의 특징을 설명하여라.

8

무선 측위 통신

목표

- 무선 측위 통신의 개요와 종류, 위치기반 서비스
- GPS의 개요와 원리 및 응용분야.

8.1 무선 측위 통신의 개요

8.1.1 개요

무선측위통신업무란 전파의 특성을 이용하여 위치·속도 및 기타 사물의 특징에 관한 정보를 취급하는 통신을 말한다.

1) 무선 측위 업무

무선 측위란 전파의 전파 특성을 이용한 위치의 결정 또는 위치에 관한 정보의 취득을 말한다. 무선 측위 업무는 무선 항행 업무와 무선 표정 업무로 분류된다.

전파는 직선적으로 전파되며 일정한 속도가 있으므로 이 특성을 이용하는데 무선방향탐지기, 레이더, 라디오 부이 등이 무선 측위에 이용된다.

■ 무선 항행 업무

무선 항행은 항행을 위한 무선 측위로서 장애물의 탐지도 포함하는 것을 말하며 무선 항행 업무란 무선 항행을 위한 무선 측위 업무이다.

무선 항행 업무는 해상 무선 항행 업무와 항공 무선 항행 업무로 분류된다. 무선방향탐지기, 레이더, ILS, VOR 등을 이용하여

그림 8-1 GPS 단말기

선박이나 항공기의 위치 또는 방향을 결정한다든지 항해에 장해가 되는 빙산, 유목 같은 것을 탐지하는 것이 이에 해당 된다.

- ILS(계기 착륙 방식): 항공기에 대하여 그 착륙 강하 직전 또는 착륙 강하 중에 수직의 유도를 하고 정점에서 착륙 기준점까지의 거리를 표시해 주는 무선 항행 방식
- VOR(VHF): 108MHz~118MHz의 주파수의 전파를 전방향에 발사하는 회전식 무선 표지의 설비를 말하며 항공기에 비행 침로를 알린다.

■ 무선 표정 업무

무선 항행 업무 이외의 무선 측위 업무로서 레이더를 이용하여 태풍의 위치나 진로를 관측한다든지 전파감시국이 무선방향탐지기에 의하여 불법 전파를 찾아내는 일 등이 이 업무에 속한다.

2) 무선 방향 탐지 업무

무선국 또는 물체의 방향을 결정하기 위하여 전파를 수신하는

무선 측위를 무선 방향 탐지라 하는데 이를 위한 무선 측위 업무를 말한다.

3) 무선 표지 업무

이동국에 대하여 전파를 발사하고, 그 전파 발사의 위치로부터의 방향 또는 방위를 그 이동국으로 하여금 결정시킬 수 있는 무선 항행 업무를 말한다.

8.1.2 위치 기반 서비스

1) 위치 기반 서비스의 개요

위치 기반 서비스란 말 그대로 사용자의 위치를 파악할 수 있게 해주는 모든 서비스를 포함하는 용어이다. 예를 들면, 인공위성을 이용해 사용자의 현재 위치를 파악하는 GPS나 데이터베이스를 활용해 주변 위치와 상세한 부가 정보를 알아내는 GIS 등이 있다. 이러한 기반 기술들을 활용해 사용자의 위치를 파악하고 부가 서비스를 제공하는 서비스를 총칭하여 LBS라고 한다.

2) 위치 기반 서비스의 구성

LBS 플랫폼은 크게 단말기, 위치 측정 게이트웨이, 응용 서버로 구성되어 있다. 단말기는 휴대폰이나 PDA 등을 의미하며 사용자의 위치 정보를 이동통신망에 전달하는 역할을 한다. 일반적으로 게이트웨이는 다른 네트워크로 들어가는 입구 역할을 하는 장치를 의미한다. 위치 측정 게이트웨이는 말 그대로 사용자의 위 정보를 서비스 제공업자에게 전달하는 인터페이스 역할을 하는 시스템이다. 응용 서버는 LBS를 제공할 수 있도록 데이터베이스를 이용하여 다양한 정보를 저장, 제공하는 기능을 수행한다. LBS에서는 간단한 사용자 정보로부터 목표 지점까지의 최단 거리, 상세한 디지털 지도를 표현할 수 있는 GIS 데이터베이스, 그리고 실시간 교통량이나 뉴스, 기상 정보 등의 세부적인 부가 콘텐츠까지 관리해야

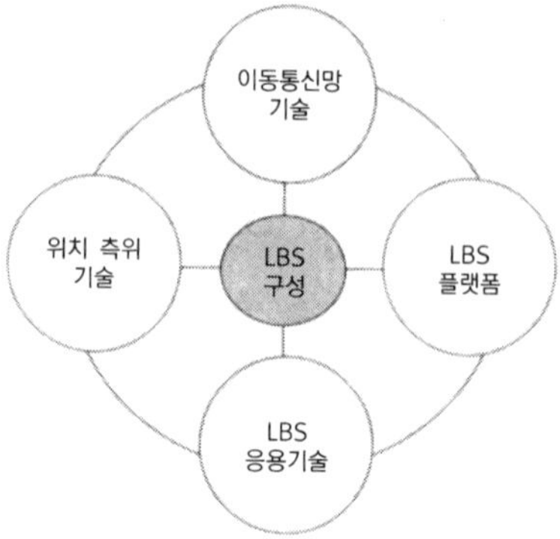

그림 8-2 위치 기반 서비스의 구성도

표 8-1 위치 측정 기술의 비교

기술	인식 방식	측위 방식
GPS 방식	위성 시스템 이용	수 m 내외
셀 방식	이동망의 셀 ID 이용	50~250m
무선 LAN 방식	핫스팟 내에서 위치 확인 가능	LAN 커버리지
RF 태그 방식	좁은 반경 내에서 ID 인식	좁은 범위

할 정보가 매우 방대하기 때문에 따로 서버를 두고 활용한다.

3) 위치 측정 기술

사용자의 위치를 파악하기 위한 측정 기술의 종류에는 여러 가지가 있다. 우선 GPS방식은 단지 수 미터 정도의 오차만을 허용하는 정확한 측위 정보를 제공하지만, 단말에 GPS칩을 장착해야 하므로 고가화 되는 경향이 있으며, 실내에서는 사용하기가 어렵다는 단점이 있다. 다음으로, 셀 방식은 이동통신망의 셀 식별자를 이용하므로 비용 측면에서 추가적인 부담이 적으나 정확성이 떨어진다는 단점이 있다. 그 밖에, 무선 LAN, RF 기술은 원래 위치 추적용 기술은 아니지만, 서비스 제공 영역에 있는 단말기의 인식을 통해 위치 정보의 획득은 가능하다.

표 8-1은 위치 측정 기술의 종류를 비교한 것이다.

위치 측정 기술은 단말의 위치를 측정하기 위한 기술로서 기지국 수신 신호를 이용하는 네트워크 기반 방식, 단말기에 장착된 GPS 수신기 등을 이용하는 단말기 기반 방식 그리고 이들을 혼합하여 사용하는 혼합 방식으로 분류할 수 있다.

4) 위성 항법 시스템

위성 항법 시스템은 미국 국방성에서 개발한 위성을 이용한 범세계적인 무선 항법 시스템으로 GPS위성의 위치 및 속도를 제공함으로서, 사용자가 위치, 속도 및 시간을 정확하게 계산할 수 있도록 해준다.

8.2 무선 측위 통신의 종류

8.2.1 무선 방위 측정기

무선 방위 측정기는 도래하는 전파를 수신하는 안테나의 지향성에 의하여 전파의 방향을 측정하며, 안테나의 특성에 의하여 그 성능과 방식이 결정된다.

방향을 탐지하는 안테나의 대표적인 형태가 루프 안테나이다.

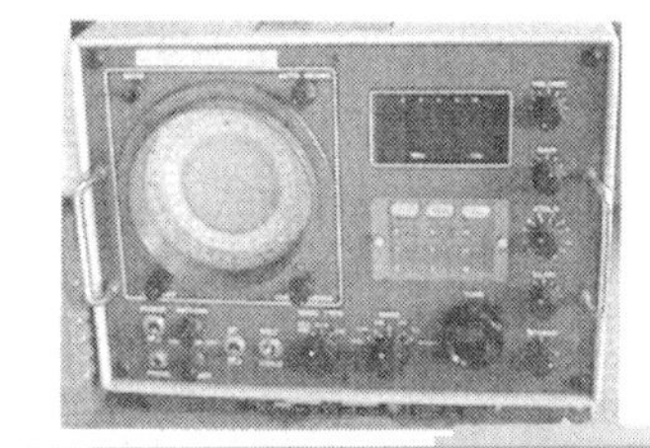

그림 8-3 무선 방위 측정기

이것은 코일 형태로 1회 또는 수회 감은 사각형 또는 원형의 안테나이다.

휴대용 라디오를 이용하여 방송을 청취할 때, 라디오를 세우고 수평 방향으로 한 바퀴 돌려 보면 소리가 크게 들릴 때와 작게 드릴 때가 있다. 소리가 가장 크게 들릴 때 라디오의 납작한 면이 전파의 진행 방향이 된다. 이것이 무선 방위 측정의 원리이며, 재래식 무선 방위 측정기를 사용하여 수신음을 들으면서 루프를 회전시켜 무선 방위를 측정하는 방법이다.

8.2.2 레이더

레이더(radar)는 안테나에서 전파를 발사하여 먼 거리에 있는 물체에서 반사되어 나오는 전파를 받아 물체의 존재를 확인하고 위치거리까지 측정하기 위한 장치이다. 레이더(radar)는 'radio detection and ranging'의 약어로서 선박이나 항공기의 항행용과 눈, 비, 안개등의 기상 관측에 이용되고 있다. 일반적으로, 선박용 레이더는 야간이나 눈, 비 등으로 시계가 불량하여 앞에 있는 물체나 육지를 우리의 눈으로 식별하기가 곤란할 때 에 안전 항행을 위한 도구로 주로 이용되고 있다. 또, 어선의 경우에는 어망 감시용으로 이용되기도 하며, 항공기나 항만 통제에도 이용된다.

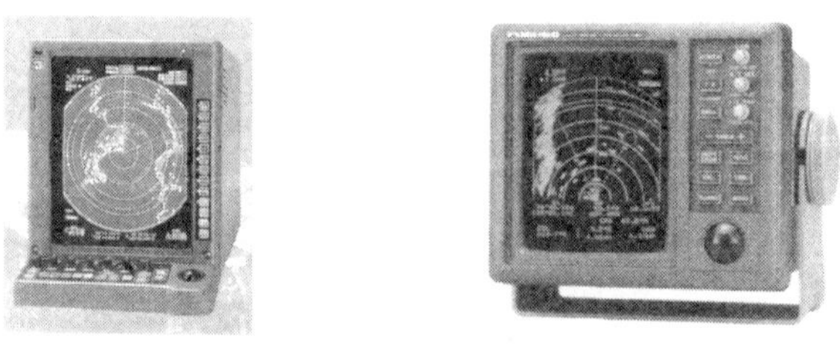

그림 8-4 선박용 레이더

레이더는 먼 거리에 있는 물체를 탐지하고 그 물체까지의 거리와 방위를 측정하는 것으로, 선박이나 항공기의 항행용을 비롯하여 기상 관측 등에 널리 이용되고 있다. 그림 8-4는 선박에서 사용하는 레이더를 나타낸 것이다.

일반적으로, 선박용 레이더는 야간이나 눈, 비, 안개 등에 의해 시계가 불량할 때에 항해를 안전하게 하기 위한 수단으로 이용되고 경우가 많지만, 수색 구조를 위한 탐색용으로 이용되기도 한다.

8.2.3 로란 C 수신기

로란(LORAN, long range navigation)은 쌍곡선 항법 방식의 전파 항해 계기 중에서 가장 먼저 실용화된 대표적인 선위 측정용 계기이다. 로란은 중·대형선뿐만 아니라 우리나라의 연근해 소형 어선들에도 장착되어 매우 유용하게 사용되고 있는 전파 항해 장비로, 이 방식은 주국 (master station)과 종국(slave station)이라 불리는 2개의 송신국으로부터 시간 약속하에 발사하는 전파의 도착 시간차를 측정하여 위치선을 구하는 쌍곡선 항법 방식이다.

로란은 미국에서 개발되었으며, 제2차 세계 대전 중인 1942년 초에 처음으로 사용되었고, 대전 후 민간용으로 개방되어 널리 보급되었다. 로란은 A, B, C 및 D 방식이 개발되었으나, 이 중에서

그림 8-5 로란 C 수신기

로란 B는 시험에 그치고 폐기되었으며, 로란 D는 미 해군용으로 사용되고 있다. 일반 선박용으로 보급된 것은 로란 A와 C의 두 가지이나, 로란 C는 로란 A의 오랜 운용에서 얻은 경험을 근거로 개량한 것이다. 또, 1985년에 로란A의 송신국이 폐국되어 현재 선박용으로는 로란 C만 운용되고 있다.

8.2.4 방향 탐지기

라디오를 청취할 때 라디오의 위치를 변경시켜 보면, 어떤 방향에서는 소리가 크게 들리기도 하고 어떤 방향에서는 오히려 작아지기도 하는 것을 경험해 본적이 있을 것이다. 이는 라디오 속에 장착되어 있는 페라이트 코어의 방향에 따라 소리의 크기가 변한다는 것을 의미하는데, 이와 같은 성질을 가진 안테나를 지향성 안테나라고 한다.

방향 탐지기의 원리는 이와 같은 지향성 안테나를 이용하여 그 수신 출력의 크기를 비교하여 도래 전파의 방향을 측정하는 장치이다. 선박용 방향 탐지기의 지향성 안테나로는 루프 안테나(loop antenna)가 가장 많이 사용되고 있는데, 이 루프면이 전파의 진행 방향과 같을 때 가장 강한 수신 전압이 유도되고, 천천히 돌려서

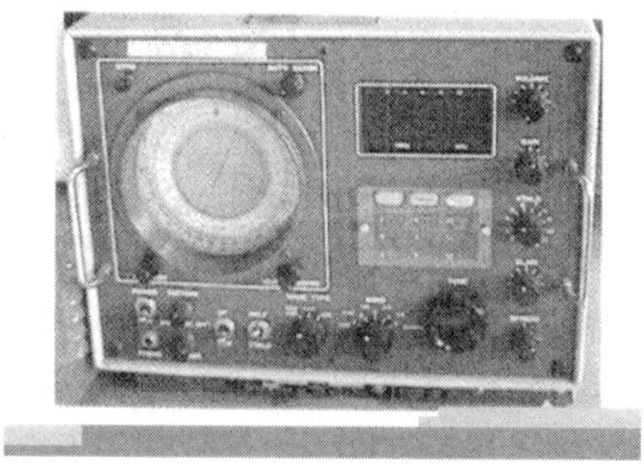

그림 8-6 방향 탐지기

루프면이 전파의 진행 방향과 직각이 될 때에는 수신 전압이 전혀 나타나지 않게 되며, 다시 더 돌려서 루프면과 일치할 때 강한 수신전압이 유도된다. 그러나 유도된 전압의 위상을 보면 처음과는 반대, 즉 180°바뀌었음을 쉽게 알 수 있다. 이 때, 전파의 도래 방향이 어느 쪽인지를 결정하는 것을 단일 방향 결정이라 한다.

8.2.5 GPS

GPS(global positioning system)는 1970년대 초에 미국 국방성에 의해서 개발되어 1990년대 중반부터 실용화된 고정밀 위치 확인 시스템이다. 전체 시스템은 지구 주위를 선회하는 총 24개 이상의 위성으로 각 위성에는 세슘 원자시계가 탑재되어 정확한 시각 정보와 궤도 정보를 송신하고 있다. 현재는 미국 운수성과 계약을 통해 민간 용도로 사용되고 있다. GPS 위성을 이용한 위치 측정 기술은 고정밀 시각 동기, 측지, 배의 항해, 자동차나 항공기 같은 이동체의 항법 장치 등 여러 분야에 이용된다.

1)GPS의 구성

GPS는 우주 부분, 지상 관제 부분, 사용자 부분 등 세 부분으로 구성되어 있다.

■ 우주 부분

GPS 위성은 6개의 궤도면에 24기의 위성으로 구성되며, 고도 20,200 km, 경사각 55°로 12시간의 주기를 가진다. 위성은 사용자가 최소한 5기의 위성으로부터 신호를 수신할 수 있도록 배치되어 있다.

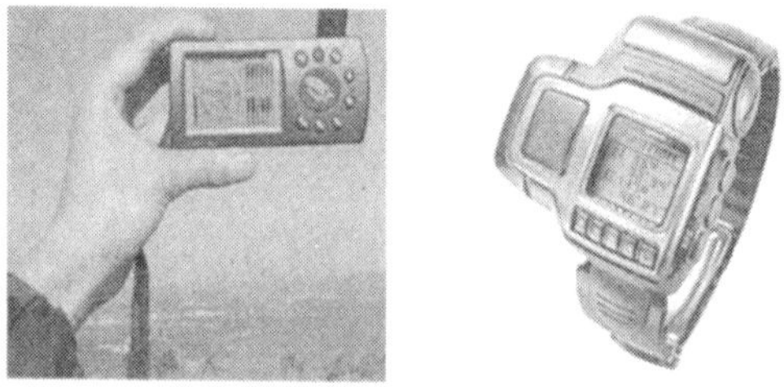

그림 8-7 GPS 수신기

■ 지상 관제 부분

5개의 감시국으로 이루어져 있으며, 이들 중에서 3개는 업 링크 기능이 있다. 감시국은 GPS 수신기를 이용하여 위성을 추적하고 거리 측정 데이터를 축적한다. 감시국에서 측정된 데이터는 주관제소에서 처리되어 GPS위성의 궤도 수정과 제어에 사용된다.

■ 사용자 부분

안테나와 수신기로 구성되어 있으며, 위성 신호를 수신하여 위치, 속도 및 시간을 계산한다. 현재 구입할 수 있는 수신기로는 선박, 항공기, 자동차 등의 이동체의 위치를 인식하기 위한 것과 고속 도로 거리를 측정하기 위한 측량용이 있으며, 최근에는 그림 8-7과 같이 등산, 여행용 초소형 수신기, GPS 수신장치와 손목시계를 결합한 제품도 등장했다.

2) 서비스의 종류

■ 표준 측위 서비스

표준 측위 서비스(SPS: standard positioning service)는 전세계에 연속적인 표준의 측위 및 시간 측정 서비스를 자격 조건에 맞게 제한 없이 제공한다. 정확도는 미국의 안보를 고려하여 미국 국방성에 의하여 설정되었으며, 수평 측위 정확도가 100 m이다.

■ 정밀 측위 서비스

정밀 측위 서비스(PPS: precise positioning service)는 위치, 속도 및 시간 정보를 가장 정확하게 전세계에 연속으로 제공하는 서비스이다. 이 서비스는 공인된 미국 정부 기관, 군사용도 및 자격 요건을 갖춘 민간 사용자에게만 제한적으로 제공된다. 비공인된 사용자는 정밀 측위 서비스에 접근할 수 없도록 P코드 (precise pseudo random tracking code)라고 불리는 암호를 사용한다. P코드 해독이 가능한 군용 수신기는 22m의 수평 측위 정확도를 가진다.

3) GPS의 응용

GPS 기술은 일상 생활 깊숙한 곳까지 파고들고 있다. 지금까지 GPS는 군 부대나 정보 기관, 가스 또는 상·하수도 통제 기관 등이 관련 시설에 대한 정보를 관리하는 기술로 인식되어 왔다. 그러나 GPS가 개인 통신 장비에 장착되어 레저 생활, 어린이와 노약자 보호, 응급 처치 등 실생활과 밀접한 용도로 속속 변모하고 있다.

■ 지리 정보

GPS 수신기를 이용해 상·하수도, 통신 케이블, 전기, 가스 등의 시설물의 위치를 정확히 파악해 관리할 수 있다. 또, 도로 안내, 교통 정보, 차량 추적, 배달 위치 정보, 구급차 등에도 유용하게 이용된다. 뿐만 아니라, 양쪽에서 터널을 굴착하는 방식에서 정확한 도킹을 위해서도 이용된다.

■ 비행기 및 우주 항법

항공기 및 우주선이 위치와 자세를 스스로 계산할 수 있을 뿐만 아니라, 문제가 생기면 새로운 위치나 자세로 변경하기 위해 항공기 및 우주선의 착륙과 항로 계산에 이용된다.

■ 선박 항법

선박의 위치를 파악하고 항만 접근, 정상 운항 항로, 조난 신호, 어군 추적에 응용된다.

■ 일상생활

최근 휴대전화, PDA 등에도 GPS가 장착되고 있다, 지도와 함께 자신의 위치를 보여 주고, 근처의 교통, 쇼핑, 식당 등의 정보가 제공된다. 또, 경찰서와 소방서, 비상 의료 서비스 센터 등에서는 자신의 위치와 가장 가까운 경찰차, 소방차, 구급차 들이 있는 곳을 파악해 빠른 조치를 취할 수 있다. 그 밖에 개인 GPS 수신기를 이용해 다양한 레저와 스포츠를 즐길 수 있다.

■ 기타

농업 분야나 산림 관리에 이용되고, 두루미와 같은 철새의 이동 경로, 멸종직전의 야생 동물관리에도 이용된다.

◈ 익힘 문제 ◈

1. 무선 측위 통신에 의와 종류에 대해서 알아보자.
2. 무선 방위 측정기에 대해서 알아보자.
3. 레이더, 로란 C 수신기, 방향 탐지기에 대해서 알아보자.
4. GPS에 대해서 알아보자.

◈ 단원 정리 ◈

1. 통신의 발달 과정은 패러데이의 전기 분해 법칙을 기초로 한 맥스웰의 전자파 연구와 미국의 모르스가 전신기를 발명한 것이 그 시초가 되었다.
2. 1876년 미국의 벨이 현대식 전화를 발명하고, 1895년 마르코니는 무선 통신을 성공시켰다.
3. 무선통신이라는 것은 송신자와 수신자간에 전선이 없는 상태에서 전파를 이용해 통신하는 기술이다.
4. 무선통신은 1895년 이태리의 마르코니가 많은 실험과 연구를 하여 발명하였다.
5. 단방향통신방식은 정보가 오직 한 방향으로만 전송되는 것으로 송신기와 수신기가 미리 정해져 있는 통신방식이다.
6. 양방향통신은 송신기와 수신기가 미리 정해져 있지 않고 한 개의 시스템이 송수신기의 역할을 수행하는 통신방식이다.
7. 동기전송(synchronous transmission)은 데이터 신호 각각의 비트간 구분을 찾아 송신측에 표시된 클럭을 수신측에서 작성하고 수신측이 신호를 정확하게 수신하기 위해서 송, 수신측 각 비트의 타이밍을 일치시키는 전송이다.
8. 비동기전송은 한번에 한 문자씩 전송하는 방식으로 보통스타트-스톱 (start-stop) 또는 조보식방식이라 부르며 각 문자의 앞에 1비트의 스타트비트와 비트의 뒤에 1, 1.5, 또는 2비트의 스톱비트를 갖는다.
9. 통신망의 종류에는 전화망, 컴퓨터망, 데이터통신망, 팩시밀리통신망, 데이터 교환망, 비디오 텍스 통신망, 근거리 통신망 등이 있다.
10. 분기모양에 의한 통신망은 별형(Star type), 나무형(Tree type), 고리형(Ringtype), 그물형(Mesh type)등이 있다.

11. 아날로그 정보라는 것은 연속적인 값을 가지는 정보를 지칭한다.
12. 변조(Modulation)는 반송파가 안테나를 통해서 전파를 보낼 때 이를 체계적으로 전환시켜 제대로 전달될 수 있도록 하는 방법이다.
13. 전자기파의 변조방법에는 크게 진폭변조(AM), 주파수변조(FM), 위상변조(PM) 세 가지가 있다.
14. 반송파(Carrier Wave)는 정보가 실리는 기본적인 무선 에너지를 말한다. 일반적으로 음성을 재생하는데는 사람의 목소리, 드럼의 헤드, 색스폰의 리드, 기타줄등의 도구가 필요하다.
15. 신호는 여러 각도에서 분류되나, 일반적으로 널리 쓰이는 방법은 전자기파의 형태에 따라 아날로그 신호와 디짙널 신호로 구분하는 것이다.
16. 정보는 통신의 궁극적인 목적이며 어떤 의미를 지니는 내용으로, 데이터에 실려질 의미를 지칭한다.
17. 데이터는 사실이나 개념, 지시 등의 정보가 의사소통이나 해석, 처리 등에 적합하도록 형식적이고 공식적으로 표현된 형태이다.
18. 어떤 시스템(단말 컴퓨터, 통신망 등)이 다른 시스템과 통신 회선을 이용하여 제대로 통신이 이루어지게 하기 위한 일정한 규칙(약속)인 절차를 통신 프로토콜이라한다.
19. 신호는 에너지의 분리된 진동(Pulse)들이 연결되어 나타나며 각각의 진동은 숫자의 묶음 형태가 된다. 이 묶음(set)을 디지털이라 한다.
20. 디지털 신호는 불연속적으로 전송 과정에서 on, off 상태만 이용하므로 간단하게 전달이 이루어진다. 따라서 장애 현상을 최대한 막을 수 있고 원래의 신호가 거의 그대로 수신된다.

21. 변조방식의 종류에는 아날로그변조와 디지털변조의 두 종류로 나누어진다.
24. 디지털 변조의 종류는 진폭편이변조(ASK), 주파수편이변조(FSK),위상편이변조(PSK)등이 있다.
22. 펄스변조 방식에는 펄스진폭변조(PAM), 펄스폭변조(PWM), 펄스위치변조 (PPM), 펄스코드변조(PCM)등이 있다.
23. 전화기의 구성요소에는 송화기, 수화기, 다이얼, 신호 장치 등이 있다.
24. 광통신 기술은 광섬유의 개발과 반도체 레이저(Laser)관계 기술에 의해 실현된새로운 통신 방식이다.
25. 광통신은 플라스틱이나 유리로 만들어진 머리카락처럼 가는 섬유를 통해 빛을전송하는 통신 기술이다.
26. 광통신 시스템도 다른 전자 시스템과 마찬가지로 송신부, 전송로, 수신부로 구성된다.
27. 광원에서 파생된 광파의 특성을 정의하는 매개 변수는 전자기파와 같이 진폭(또는 광전력), 주파수, 위상, 그리고 편광(polarization)의 네 가지이다.
28. 광통신 시스템을 구성할 때에는 전송 매체, 전송방식, 변조형식 및 다중화 형식의 선택이 중요하다.
29. 일반적인 통신의 송·수신계를 보면 정보원, 모뎀, 송신기, 유 뮤선 전송로, 수신기, 모뎀, 수신자로 구성되며 각 단계마다 단말장치나 전송사이에 각종 잡음이 나타나게 된다.
30. 마이크로파라 함은 통상 300 MHz에서 3 GHz대까지의 UHF대와 3 GHz대에서 30 GHz대의 SHF를 포함한 전자파를 총칭하고 있다.
31. 주파수공용통신(TRS)이란 무선중계국에 할당된 복수의 무선채널을 일정한 제어하에 다수의 가입자가 공동으로 이용하는 이동통신방식이다.

32. PCS는 Personal Communication Systems의 머릿글자로 개인휴대통신을 뜻한다. 풀어쓰자면 일반 가입자들이 휴대 단말기를 이용해 언제, 어디서나 누구와도 손쉽게 통화할 수 있는 고도의 개인휴대통신서비스를 지칭한다.
33. 위성통신은 이 통신 위성을 이용해서 지상의 중계점과 위성 간에 전파를 중계하는 무선통신이다. 중계점이 우주에 있으므로 그 규모가 매우 큰 통신이 가능하게 되었다.
34. 위성통신은 마이크로파 전파대역의 중계장치를 탑재한 위성을 우주공간으로 쏘아 올려 지구국에서 발사한 전파를 위성에서 수신하고 그 신호의 수신을 원하는 지구상의 다른 장소로 재송신하는 시스템이다.
35. 위성통신시스템은 지상으로부터의 전파를 수신하고 증폭해서 주파수를 변환시킨 후 다시 지구로 재전송하기 위한 통신위성과 지구에서 전파를 송, 수신하는 지구국, 전파가 전달되는 채널(channel)로 구성된다.

수련문제

1. 다음 중 통신 방식의 종류가 아닌 것은?
① 단방향(Simplex)방식
② 반이중(Half Duplex) 방식
③ 3방향(Triple)방식
④ 전이중(Full Duplex) 방식

2. 다음 중 단방향 통신의 예가 아닌 것은?
① AM 방송
② FM 방송
③ TV 방송
④ 워키 토키
[해설] 단방향 통신은 송신과 수신이 이미 정햐져 있어, 송신단은 정보를 단지 송신할 수만 있고 수신단은 오직 수신만이 가능한 통신 방식.

3. 다음 중 양방향 통신의 예가 아닌 것은?
① PC 통신
② Celluar Phone(핸드 폰)
③ 워키토키
④ 유선 방송

4. 다음 중 송신과 수신이 동시에 가능한 통신 방식은?
① 단방향 방식
② 전이중 방식
③ 워키토키 방식
④ 반이중 방식

5. 다음 중 아날로그-아날로그 코딩이 아닌 것은?
① ASK
② AM
③ FM
④ PM

6. 표본화 주파수는 정보 신호 주파수에 최소 몇배 이어야 하는가?
① 1배
② 2배
③ 3배
④ 4배
[해설] PCM 방식에서는 표본화 주파수는 정보신호 주파수에 최소 2배이다.

7. 다중 통신 방식을 통신 회선에 적용하는 이유중 가장 적합한 것은?
① 신뢰도 향상을 위해
② 전송로상의 누화를 방지하기 위해
③ 전송 매체의 효율적이고 경제적인 이용을 위해
④ 나이퀴스트 률(Nyquist Rate)을 적용하기 위해

[해설] 다중통신은 하나의 전송선로를 매체로 하여 여러개의 독립된 신호를 한 전송로에 통신하는 방식으로 주파수 분할 방식(FDM)과 시분할 방식(TDM)이 있다.

8. 아날로그 정보신호를 PCM 부호화하는 과정 중 맞는 것은?
① 표본화 - 부호화 - 양자화
② 표본화 - 양자화 - 부호화
③ 양자화 - 부호화 - 표본화
④ 양자화 - 표본화 - 부호화

9. 시분할 다중 방식 중 아날로그 방식이 아닌 것은?
① PAM
② PWM
③ PNM
④ PPM

10. 시분할 다중 방식 중 디지털 변조 방식이 아닌 것은?
① PAM
② PNM
③ PCM
④ ΔM(Delta Modulation)

11. 다음중 PCM화 하는 도중 발생되는 오차가 아닌 것은?
① 엘리어싱(Aliasing)
② 양자화 오차
③ 백색 잡음
④ 보간 잡음

[해설] 엘리어싱과 보간 잡음은 표본화 과정에서 발생하는데, 이는 이상적인 저역 통과 필터를 설계할 수 없기 때문이다.

12. PCM의 단점이 아닌 것은?
① PCM 고유의 잡음이 발생한다.
② 광대역 전송로가 필요하다.
③ 동기화 비트가 필수이다.
④ 중계기를 통과시 잡음이 누적되지 않는다.

13. 다중화에서 송신단에서 다중화한 신호를 원래의 순서로 복원하기 위해 사용되는 기법을 무엇이라 하는가?
① 양자화
② 표본화
③ 동기
④ 변조

14. PCM 통신 부호화에 널리 사용되는 코드는?
① BCD 코드 ② Hamming 부호
③ Excess-3 부호 ④ Gray 부호
[해설]Gray 부호는 에러가 적어 부호화 할 때 많이 사용한다.

15. PCM 통신의 저역 통과 필터에서 생기는 잡음은 무엇인가?
① 진폭 잡음 ② 위상 잡음
③ 보간 잡음 ④ 주파수 잡음

16. 음성 신호를 PCM화하는 과정 중 A/D 변환기의 역할은?
① 양자화, 부호화만을 수행한다.
② 표본화, 부호화만을 수행한다.
③ 표본화, 양자화만을 수행한다.
④ 표본화, 양자화, 부호화만을 수행한다.
[해설] A/D 변환기는 표본화 양자화 부호화가 거의 동시에 수행된다.

17. 정보 신호의 진폭을 펄스의 위치로 변조하는 방식은?
① PAM ② PWM ③ PNM ④ PPM

18. 정보 신호의 진폭을 펄스의 수로 변조하는 방식은?
① PAM ② PWM ③ PNM ④ PCM

19. 정보 신호의 진폭을 펄스의 폭으로 변조하는 방식은?
① PAM ② PWM ③ PNM ④ PCM

20. 디지털 변조(Digital Modulation)에 속하지 않은 방식은?
① PNM ② PAM ③ PCM ④ ΔM

21. PCM 방식에서 송신 순서가 옳은 것은?
① 음성 - 표본화 - 양자화 - 부호화 - 전송로
② 음성 - 양자화 - 표본화 - 부호화 - 전송로
③ 음성 - 표본화 - 부호화 - 양자화 - 전송로
④ 음성 - 양자화 - 부호화 - 표본화 - 전송로

22. PCM 동기 방식에서 표본화된 파형과 같은 파형을 얻을 수 있는 변조 방법은?
① PAM ② PWM ③ PPM ④ PTM

23. PCM 방식에서 가장 큰 문제가 되는 것은?
① 과부하 잡음 ② 지터(jiter)에 의한 잡음
③ 표본화 잡음 ④ 양자화 잡음
[해설]양자화 잡음이란 양자화된 파형은 원파형과 동일하지 않고 근사하므로 오차를 포함하는데, 이로 인하여 발생하는 것을 양자화 잡음이라 한다.

24. PCM 방식에 양자화 잡음이란?
① 입력이 있을 때에만 나타난다. ② 출력이 없을 때에만 나타난다.
③ 입력이 낮을 때에만 나타난다. ④ 입력이 높을 때에만 나타난다.

25. PCM 통신에서 압신기를 사용하는 목적은?
① 누화의 감소 ② 에러 발생의 감소
③ 전력 소모의 감소 ④ 잡음의 감소

26. FDM(주파수 분할 다중 통신 방식)의 장점이 아닌 것은?
① 기계 반송 회선과의 접속이 용이하다.
② 단국 장치의 구성이 간편해진다.
③ 통화로당 점유 주파수 대역폭이 좁다.
④ 초다중 회선을 경제적으로 시설할 수 있다.

27. 전화공학에서 다루는 음성주파수대는?
① 100 ~ 1000[Hz] ② 300 ~ 1000[Hz]
③ 300 ~ 3400[Hz] ④ 300 ~ 5000[Hz]

28. 전화기의 송하기의 제동자는?
① 전류 공급비를 감소시키기 위하여
② 진공판의 자유진동을 억제하기 위하여
③ 고조파 성분을 제거하기 위하여
④ 음파에 상응하는 교류를 발생시키기 위하여

29. 수화기의 진동판은 감폭작용을 경감시키기 위하여 어떤 재료를 사용하는가?
① 고투자율 ② 고저항 ③ 저저항 ④ 고투자율이고 고저항

30. 전화기에서 가입자가 송화기에 송화할 때 선로에는 어떻게 되는가?
① 맥류가 흐른다. ② 교류가 흐른다.
③ 직류가 흐른다. ④ 주파수가 흐른다.

31. 자석발전기에서 발생하는 신호주파수는?
① 16[Hz] ② 60[Hz] ③ 120[Hz] ④ 180[Hz]

32. 자석발전기에서 발생되는 전압은?
① 0 ~ 50[V] ② 50 ~ 100[V]
③ 100 ~ 150[V] ④ 150 ~ 200[V]

33. 수화기에서 영구자석을 사용하는 이유에 해당하는 것은?
① 외부잡음을 방지하기 위하여
② 전류의 2배의 주파수음성을 방지하기 위하여
③ 측음을 방지하기 위하여
④ 외부 회로로부터 수화기를 보호하기 위하여

34. 다이얼의 3요소는?
① 극성, 단속비, 임펄스 속도 ② 최소휴지시간, 임펄스 속도, 극성
③ 임펄스 속도, 접속률, 최소휴지시간 ④ 전류, 단속비, 임펄스속도

35. 자동식전화기에서 다이얼의 표준속도는?
① 1초사이에 1펄스 ② 1초사이에 10펄스
③ 1초사이에 40펄스 ④ 1초사이에 60펄스

36. 전자 교환기에서 주로 많이 쓰이는 분할 방식이 아닌 것은?
① 공간 분할 방식(SDS) ② 시분할 방식(TDS)
③ 주파수 분할 방식(FDS) ④ 증폭기 분할 방식(ADS)

37. 광통신 시스템의 기본 구성에 들지 않는 것은?
① 광원 ② 광 전송로 ③ 광 검출기 ④ 중계선

38. 다음은 광원에 대한 설명이다. 맞지 않는 것은?
① 반도체 레이저 다이오드(LD)와 발광 다이오드(LED)가 가장 많이 쓰인다.
② LD에는 다중 모드 형태와 단일 모드 형태가 있다.
③ LD는 광 출력이나 스펙트럼 반치 폭이 모두 LED에 비해 크게 뒤떨어지지만, 안정되고 수명이 길다.
④ 단일 모드 형태의 LD의출력 스펙트럼은 하나의 선 스펙트럼으로 이루어져 있다.

39. 광섬유의 특징이 아닌 것은?
① 전송 손실이 매우 크다.
② 가늘고 구부러지며, 가벼워 취급하기가 쉽다.
③ 불꽃이 나지 않으므로 화학 공장에서도 안심하고 사용할 수 있다.
④ 누화나 혼신을 잘 일으키지 않는다.

40. 광검출기에 대한 다음 설명 중 맞지 않는 것은?
① 단파장대에서는 Si 소자가 널리 쓰인다.
② 장파장대에서는 Ge 소자가 널리 쓰인다.
③ pin형 광 다이오드(PD)와 눈사태 증배형 광 다이오드(APD)가 있다.
④ APD는 고감도, 광대역이며, 제조가 쉽고 값이 싸다.

41. 광 반송파를 직접 변조하기에 앞서 이용되는 예비 변조 방식에 쓰이지 않는 것은?
① 펄스 위치 변조(PPM) ② 펄스 진폭 변조(PAM)
③ 펄스 간격 변조(PIM) ④ 펄스 부호 변조(PCM)

42. 다음은 파장 다중 방식(WDM)에 대한 설명이다. 이 중에서 틀린 것은?
① 많은 정보를 다중화하여 실은 광을 한 가닥의 광섬유로 전송하는 방식이다.
② 1파장당 대용량 통신이 가능하다.
③ 다중화하는 파장수만큼 광섬유의 가닥수를 늘려야 한다.
④ 수십 [GHz·km ~ [THz·km]의 초광대역 통신이 가능하다.

43. 입력 광섬유로부터 들어온 광의 극히 일부를 모니터용의 광검출기로 감출하고, 다시 대부분의 광은 출력 광섬유에 결합시키도록 고안된 것은 어느 것인가?
① 광 탭 ② 광분파기 ③ 광접속기 ④ 광감쇠기

44. 다음 중 이동 통신의 기술적 목표가 아닌 것은?
① 주파수의 유효 이용 ② 기기의 최소화
③ 품질 좋은 고도의 서비스 제공 ④ 경제적인 시스템의 실현

45. 이동 통신을 크게 분류한 범주에 들지 않는 것은?
① 개인 이동 통신 ② 육상 이동 통신
③ 해상 이동 통신 ④ 항공 이동 통신

46. Cellular 이동 통신 시스템의 기본 구성 요소에 적합하지 않는 것은?
① MTSO ② 기지국 ③ 무선전화 단말장치 ④ 채널제어장치
[해설] Cellular 이동통신 시스템은 무선 교환국, 무선 기지국, 무선 전화 단말장치로 구성된다.

47. 이동통신 방식 중 변조방식이 다른 것은?
① 자동차 전화 ② 무선 호출 ③ 선박 전화 ④ 코드리스 전화
[해설] 무선호출은 디지털변조의 일종인 FSK 변조방식 사용

48. 이동통신의 음성 변조방식으로 사용되지 않는 것은?
① FM ② FSK ③ SSB ④ AM

49. Cellular 이동 통신 System의 통신 방식은?
① 단방향(Simplex)방식 ② 반이중(Half Duplex) 방식
③ 3방향(Triple)방식 ④ 전이중(Full Duplex) 방식
[해설] 전이중(Full Duplex) 방식은 2개 이상의 주파수로 송, 수신 주파수를 달리하여 송, 수신을 동시에 행하는 방식

50. 자동차 전화 방식에 할당된 주파수대는?
① 300[MHz] ② 150[MHz] ③ 800[MHz] ④ 250[MHz]

51. 지역적으로 고정되어 있는 가입자 회선의 일부를 무선화하여 서비스 영역 내에서 이동중에 어디서나 통신 서비스를 제공하는 통신망은?
① Cellular ② TRS ③ MCA ④ PCS

52. 주파수 공용방식(TRS)의 특징이 아닌 것은?
① 사용자가 통화 시간내에서는 채널을 전용하므로 혼신이 없다.
② 서비스 반경이 20 ~ 30[km]로 넓다.
③ 각종 데이터 전송이나 팩시밀리 전송도 가능하다.
④ 사용 통화 시간에는 제한이 없다.

53. Cellular 이동 전화 System의 무선 기지국의 역할이 아닌 것은?
① 이동국의 신호 레벨 감시 ② 이동국의 위치 확인
③ 호처리 기능 ④ 과금 처리

54. 위성 통신의 특징이 아닌 것은?
① 지상 재해의 영향을 받지 않는다.
② 장거리 회선 설장이 쉽다.
③ 3개의 위성으로 거의 전세계의 통신망이 구성된다.
④ 초기 설치비가 거리에 관계된다.

55. 다음은 위성 통신을 그 목적에 따라 분류한 것인데, 맞지 않는 것은?
① 고정 위성 통신 ② 위성 간 통신
③ 이동 위성 통신 ④ 위성 방송

56. 통신 위성의 통신계 기기의 기본적인 구성 요소가 아닌 것은?
① 저잡음 수신기 ② 전력 증폭기
③ 주파수 변환기 ④ 원격 측정, 지령계

[해답]

1.③	2.④	3.④	4.②	5.①	6.②	7.③	8.②	9.③

10.①	11.③	12.④	13.③	14.④	15.③	16.④	17.④
18.④	19.③	20.②	21.①	22.①	23.④	24.①	25.④
26.②	27.③	28.②	29.④	30.①	31.①	32.②	33.②
34.③	35.②	36.④	37.④	38.③	39.①	40.④	41.②
42.③	43.①	44.②	45.①	46.④	47.②	48.②	49.④
50.③	51.④	52.④	53.④	54.④	55.②	56.④	

인용 문헌 및 참고자료

1. 고웅남, 정보통신개론, 한빛 미디어, 2009
2. 김영권, 통신 전자 공학, 형설 출판사, 1985
3. 김석태 외 3인, 정보 통신, GS인터비전, 2010
4. 김천석, 일렉트로닉스, 문운당, 1990
5. 박병권 외 3인, 통신 일반, 교육과학기술부, 2002
6. 박송배, 최신 회로 이론, 문운당, 1986
7. 신현식, 유선 통신 공학, 학문사, 1995
8. 신현식, 전파 통신 관계법, 학문사, 2000
9. 신현식, 정보 통신의 세계, 광문각, 2000
10. 신현식 외 5인, 진자통신공학, 교육과학기술부, 2010
11. 신현식 외 4인, 전자통신운용, 교육과학기술부, 2010
12. 신현식 외 1인, 한국전자통신학회 논문지 제5권 3호, 2010
13. 이준웅 역, 최신 회로 이론, 동일 출판사, 1993
14. 이형재 외 2인, 통신 공학(상), 교육부, 1995
15. 장학신 외 4인, 전자 회로, 광문각, 1994
16. 정신일 외 3인, 통신 시스템, 교육과학기술부, 2010
17. 조성준 외 1인, 통신 공학2, 교육부, 1995
18. 홍승홍 외 2인, 물리 전자 공학, 한신 문화사, 1977
19. 홍완표, 인공 위성과 위성 통신, Ohm사, 1990
20. David, E Johnson. John, L Hilburn. and Johnny, R Johnson. Basic electric Circuit analysis. 4th Ed, Prentice - Hall.
21. J, Millman. 외 1인, Integrated Electronic Mcgraw - Hill, 1972
22. http://www.host.ots.utexas.edu/ethernet
23. 방송통신위원회 홈 페이지 : http://www.kcc.go.kr/

24. KT 홈 페이지 : http://www.kt.com/
25. LG 홈 페이지 : http://www.lg.co.kr/
26. SK그룹 홈 페이지 : http://www.sk.co.kr/
27. 국제 통신 연합(ITU) 홈 페이지 : http://www.itu.int

한국전자통신학회 학술대회 광경

2008년 춘계종합학술대회(전남대학교)

2008년 학회이사회의(전남대학교)

한국전자통신학회 학술대회 광경

2009년 춘계종합학술대회(한세대학교)

2009년 춘계종합학술대회 만찬(한세대학교)

한국전자통신학회 학술대회 광경

2009년 추계종합학술대회

2009년 추계종합학술대회 발표(지리산교직원호텔)

한국전자통신학회 학술대회 광경

2009년 추계종합학술대회 만찬(지리산교직원호텔) A

2009년 추계종합학술대회 만찬(지리산교직원호텔) B

한국전자통신학회 학술대회 광경

2009년 추계종합학술대회 화환

2010년 춘계종합학술대회(남서울대학교)

한국전자통신학회 학술대회 광경

2010년 가을철종합학술대회

2010 가을철종합학술대회 만찬(지리산교직원호텔) A

한국전자통신학회 학술대회 광경

2011년 봄철 종합학술대회(동서대학교)

2011년 봄철 종합학술대회 광경(동서대학교)

한국전자통신학회 학술대회 광경

2011년 가을철 종합학술대회(지리산 가족호텔)

2011년 가을철 종합학술대회 만찬(지리산 가족호텔)

한국전자통신학회 현황

(1) 회원현황

- 정회원: 385명
- 종신회원: 186명
- 준회원: 30명
- 단체회원: 28단체

(2) 논문지 발행

- 1권1호: 12편
- 1권2호: 6편
- 2권1호: 9편
- 2권2호: 11편
- 2권3호: 10편
- 2권4호: 10편
- 3권1호: 8편
- 3권2호: 12편
- 3권3호: 8편
- 3권4호: 17편
- 4권1호: 12편
- 4권2호: 13편
- 4권3호: 12편
- 4권4호: 15편
- 5권1호: 15편
- 5권2호: 16편
- 5권3호: 19편
- 5권4호: 21편
- 5권5호: 21편
- 5권6호: 19편
- 6권1호: 23편
- 6권2호: 27편
- 6권3호: 18편
- 6권4호: 20편
- 6권5호: 26편
- 6권6호: 25편
- 7권1호: 27편
- 7권2호: 32편

(3) 학회지 발행

- 1권1호: 6편
- 2권1호: 5편
- 3권1호: 9편
- 4권1호: 10편
- 5권1호: 21편

(4) 학회지 발행

- 봄철학술대회 2007년 38편
- 봄철학술대회 2008년 45편
- 가을철학술대회 2008년 48편
- 봄철학술대회 2009년 71편
- 가을철학술대회 2009년 62편
- 봄철학술대회 2010년 86편
- 가을철학술대회 2010년 113편
- 봄철학술대회 2011년 95편
- 가을철학술대회 2011년 107편

(5) 학술단체 가입일자

- 2008년 6월 25일 사단법인 한국학술단체 총연합회(KAOAS)회원 학회로 가입
- 2009년 12월 24일 한국연구재단 등재후보지
- 2011년 11월 22일 누리미디어와 전자저널 서비스 DBPIA제공 협약체결
- 2012년 3월 16일 한국과학기술단체 총연합회 회원학회로 가입

한국전자통신학회 논문지 및 학술대회지

한국전자통신학회 논문지(2006년부터)

한국전자통신학회 학술대회지(2007년부터)

재미있는 정보통신

2012년 5월 20일 초판 인쇄

2012년 5월 25일 인쇄 발행

지 은 이 사단법인 한국전자통신학회

발 행 인 송기수

발 행 처 **도서출판 GS인터비전**

편 집 처 **도서출판 GS인터비전**

인 쇄 **대일문화사**

등 록 번 호 제 313-2011-120 호

I S B N 978-89-97231-40-9(92560)

주 소 서울 마포구 신수동 448-6

전 화 02-976-7898, 02-3272-7898. 0707-720-7898

팩 스 02-6468-7898

홈 페 이 지 gsintervision.co.kr

E - M a i l gsinter7@chol.com

정가 10,000원